中国中药资源大典
——中药材系列
中药材生产加工适宜技术丛书
中药材产业扶贫计划

罗汉果生产加工适宜技术

总 主 编　黄璐琦
主　　编　韦荣昌　李　锋
副 主 编　冯世鑫　彭玉德

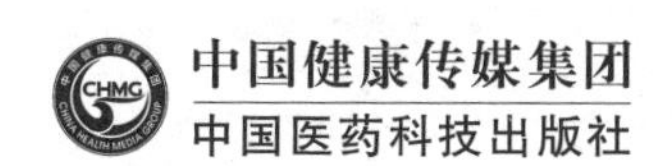
中国健康传媒集团
中国医药科技出版社

内容提要

《中药材生产加工适宜技术丛书》以全国第四次中药资源普查工作为抓手，系统整理我国中药材栽培加工的传统及特色技术，旨在科学指导、普及中药材种植及产地加工，规范中药材种植产业。本书为罗汉果生产加工适宜技术，包括：概述、罗汉果药用资源、罗汉果栽培技术、罗汉果特色适宜技术、罗汉果药材质量评价、罗汉果现代研究与应用等内容。本书适合中药种植户及中药材生产加工企业参考使用。

图书在版编目（CIP）数据

罗汉果生产加工适宜技术 / 韦荣昌，李锋主编 . — 北京：中国医药科技出版社，2018.8

（中国中药资源大典 . 中药材系列 . 中药材生产加工适宜技术丛书）

ISBN 978-7-5214-0390-9

Ⅰ . ①罗… Ⅱ . ①韦… ②李… Ⅲ . ①罗汉果—栽培技术 ②罗汉果—中草药加工 Ⅳ . ① S567.23

中国版本图书馆 CIP 数据核字（2018）第 196588 号

美术编辑 陈君杞
版式设计 锋尚设计

出版 **中国健康传媒集团 | 中国医药科技出版社**
地址 北京市海淀区文慧园北路甲 22 号
邮编 100082
电话 发行：010-62227427 邮购：010-62236938
网址 www.cmstp.com
规格 710×1000mm $^{1}/_{16}$
印张 9
字数 89 千字
版次 2018 年 8 月第 1 版
印次 2018 年 8 月第 1 次印刷
印刷 北京盛通印刷股份有限公司
经销 全国各地新华书店
书号 ISBN 978-7-5214-0390-9
定价 38.00 元

中药材生产加工适宜技术丛书

—— 编委会 ——

—— 本书编委会 ——

主　　编　韦荣昌　李　锋

副 主 编　冯世鑫　彭玉德

编写人员（按姓氏笔画排序）

韦荣昌（广西壮族自治区药用植物园）
白隆华（广西壮族自治区药用植物园）
冯世鑫（广西壮族自治区药用植物园）
李　锋（广西科学院）
吴庆华（广西壮族自治区药用植物园）
余丽莹（广西壮族自治区药用植物园）
秦双双（广西壮族自治区药用植物园）
彭玉德（广西壮族自治区药用植物园）
谢月英（广西壮族自治区药用植物园）
潘丽梅（广西壮族自治区药用植物园）

序

我国是最早开始药用植物人工栽培的国家，中药材使用栽培历史悠久。目前，中药材生产技术较为成熟的品种有200余种。我国劳动人民在长期实践中积累了丰富的中药种植管理经验，形成了一系列实用、有特色的栽培加工方法。这些源于民间、简单实用的中药材生产加工适宜技术，被药农广泛接受。这些技术多为实践中的有效经验，经过长期实践，兼具经济性和可操作性，也带有鲜明的地方特色，是中药资源发展的宝贵财富和有力支撑。

基层中药材生产加工适宜技术也存在技术水平、操作规范、生产效果参差不齐问题，研究基础也较薄弱；受限于信息渠道相对闭塞，技术交流和推广不广泛，效率和效益也不很高。这些问题导致许多中药材生产加工技术只在较小范围内使用，不利于价值发挥，也不利于技术提升。因此，中药材生产加工适宜技术的收集、汇总工作显得更加重要，并且需要搭建沟通、传播平台，引入科研力量，结合现代科学技术手段，开展适宜技术研究论证与开发升级，在此基础上进行推广，使其优势技术得到充分的发挥与应用。

《中药材生产加工适宜技术》系列丛书正是在这样的背景下组织编撰的。该书以我院中药资源中心专家为主体，他们以中药资源动态监测信息和技术服务体系的工作为基础，编写整理了百余种常用大宗中药材的生产加工适宜技术。全书从中药材的种植、采收、加工等方面进行介绍，指导中药材生产，旨在促进中药资源的可持续发展，提高中药资源利用效率，保护生物多样性和生态环境，推进生态文明建设。

丛书的出版有利于促进中药种植技术的提升，对改善中药材的生产方式，促进中药资源产业发展，促进中药材规范化种植，提升中药材质量具有指导意义。本书适合中药栽培专业学生及基层药农阅读，也希望编写组广泛听取吸纳药农宝贵经验，不断丰富技术内容。

书将付梓，先睹为悦，谨以上言，以斯充序。

中国中医科学院 院长

中 国 工 程 院 院士 张伯礼

丁酉秋于东直门

总前言

中药材是中医药事业传承和发展的物质基础，是关系国计民生的战略性资源。中药材保护和发展得到了党中央、国务院的高度重视，一系列促进中药材发展的法律规划的颁布，如《中华人民共和国中医药法》的颁布，为野生资源保护和中药材规范化种植养殖提供了法律依据；《中医药发展战略规划纲要（2016—2030年）》提出推进“中药材规范化种植养殖”战略布局；《中药材保护和发展规划（2015—2020年）》对我国中药材资源保护和中药材产业发展进行了全面部署。

中药材生产和加工是中药产业发展的“第一关”，对保证中药供给和质量安全起着最为关键的作用。影响中药材质量的问题也最为复杂，存在种源、环境因子、种植技术、加工工艺等多个环节影响，是我国中医药管理的重点和难点。多数中药材规模化种植历史不超过30年，所积累的生产经验和研究资料严重不足。中药材科学种植还需要大量的研究和长期的实践。

中药材质量上存在特殊性，不能单纯考虑产量问题，不能简单复制农业经验。中药材生产必须强调道地药材，需要优良的品种遗传，特定的生态环境条件和适宜的栽培加工技术。为了推动中药材生产现代化，我与我的团队承担了农业部现代农业产业技术体系“中药材产业技术体系”建设任务。结合国家中医药管理局建立的全国中药资源动态监测体系，致力于收集、整理中药材生产加工适宜技术。这些适宜技术限于信息沟通渠道闭塞，并未能得到很好的推广和应用。

本丛书在第四次全国中药资源普查试点工作的基础下，历时三年，从药用资源分布、栽培技术、特色适宜技术、药材质量、现代应用与研究五个方面系统收集、整理了近百个品种全国范围内二十年来的生产加工适宜技术。这些适宜技术多源于基层，简单实用、被老百姓广泛接受，且经过长期实践、能够充分利用土地或其他资源。一些适宜技术尤其适用于经济欠发达的偏远地区和生态脆弱区的中药材栽培，这些地方农民收入来源较少，适宜技术推广有助于该地区实现精准扶贫。一些适宜技术提供了中药材生产的机械化解决方案，或者解决珍稀濒危资源繁育问题，为中药资源绿色可持续发展提供技术支持。

本套丛书以品种分册，参与编写的作者均为第四次全国中药资源普查中各省中药原料质量监测和技术服务中心的主任或一线专家、具有丰富种植经验的中药农业专家。在编写过程中，专家们查阅大量文献资料结合普查及自身经验，几经会议讨论，数易其稿。书稿完成后，我们又组织药用植物专家、农学家对书中所涉及植物分类检索表、农业病虫害及用药等内容进行审核确定，最终形成《中药材生产加工适宜技术》系列丛书。

在此，感谢各承担单位和审稿专家严谨、认真的工作，使得本套丛书最终付梓。希望本套丛书的出版，能对正在进行中药农业生产的地区及从业人员，有一些切实的参考价值；对规范和建立统一的中药材种植、采收、加工及检验的质量标准有一点实际的推动。

黄璐琦

2017年11月24日

前　言

2002年4月17日，国家食品药品监督管理总局颁布第32号令——《中药材生产质量管理规范（试行）》（简称中药材GAP），这是目前世界上第一部以政府名义颁布的中药材管理规范，这标志着我国的中药材生产已从传统的自发式的生产状态，开始向现代化、规范化水平生产转化。

本书是“中国中药资源大典——中药材系列”之一，通过对罗汉果种植规范及采收加工技术等的总结整理，旨在指导罗汉果绿色种植与加工，推动罗汉果规范化种植，促进罗汉果资源与精准扶贫融合，保护罗汉果资源可持续发展。

本书共6章，全书以中药材GAP为指导思想，以中药材的规范化种植为核心内容。第1章为概述，简单介绍罗汉果的功效、资源分布、繁殖技术以及本书的编写背景和指导意义。第2章从形态特征与分类检索、生物学特性、地理分布、生态适宜分布区域与适宜种植区域4个方面系统介绍罗汉果药用资源。第3章详细介绍罗汉果的品种、种苗繁育、栽培技术、采收与产地加工以及包装、贮藏与运输等知识。第4章介绍罗汉果的特色适宜技术，主要包括间（套）种技术、稻草（地膜）覆盖技术、免点花技术、防虫网覆盖防治病毒病技术、食物诱剂防治果实蝇技术和特色加工技术等。第5章介绍罗汉果药材的道地沿革、药用性状与鉴别以及质量评价。第6章主要介绍罗汉果的化学成分、药理活性作用和现代应用。本书还有一大亮点，即穿插了大量

的图片，以图文并茂的形式展现给广大读者，文字通俗易懂又不失专业水准，同步配以简图，现象直观，一目了然。

本书由广西壮族自治区药用植物园有多年科研经验的科技人员共同编写。各章节分别由韦荣昌、李锋、冯世鑫、彭玉德、谢月英、余丽莹、吴庆华、秦双双、白隆华、潘丽梅等执笔。全书由韦荣昌和余丽莹统一审改定稿。

由于编者水平所限，书中疏漏之处敬请读者不吝指教，以利于本书修订和完善。

编者

2018年6月

目　录

第1章

概 述

罗汉果［*Siraitia grosvenorii*（Swingle）C. Jeffrey ex A. M. Lu et Z. Y. Zhang］是雌雄异株的葫芦科（Cucurbitaceae）罗汉果属（*Siraitia*）的多年生攀援藤本植物，《中国高等植物图鉴》称为光果木鳖，《广西药用植物名录》名为拉汗果、假苦瓜。罗汉果为我国常用大宗中药材之一，应用历史悠久，历代本草均有记载。罗汉果以果实入药，性凉、味甘，归肺、大肠经，具有清热润肺、利咽开音、滑肠通便的功效，主治肺热燥咳、咽痛失音、肠燥便秘。作为中国特有的珍贵药用和甜料植物，罗汉果功效突出，营养价值高，含有丰富的果糖、黄酮、蛋白质、氨基酸和多种维生素，特别是含有多种甜苷，其中甜苷V为世界上最强的非糖甜味物质之一，是蔗糖甜度的300～400倍，广泛应用于食品、药品、饮料和保健品中，是糖尿病、肥胖和高血压患者的理想糖替代品。

罗汉果资源主要分布在我国广西、广东、湖南、贵州、海南和江西等省（自治区）的部分山区，属于热带亚热带湿润气候，海拔250～1400m，分布并不均匀，其中广西的永福、临桂两县为罗汉果的栽培起源中心。罗汉果在广西的分布非常广泛，东起贺州市的昭平县，南起防城港市，西至百色市的凌云县，北至桂林市的龙胜县均有分布，其中以金秀瑶族自治县境内的大瑶山分布最为集中。

罗汉果传统繁殖技术主要有种子繁殖、块根繁殖、压蔓繁殖、扦插繁殖和嫁接繁殖，针对目前产区病毒病、根结线虫病、果实蝇为害严重的情况，以及传统种植模式须以砍伐山区森林为代价从而导致水土流失、生境恶化等不良后果，一方面改变了传统的繁殖技术，采用组织培养获得脱毒苗的试验研究取得了重大进展，一定程度上提高了罗汉果的抗逆性，达到了增加产量和改善品质的目的；另一方面对罗汉果传统的山坡种植方式向平地栽培方式转变等也进行了诸多探讨和尝试（图1–1、图1–2）。

图1–1 罗汉果平地栽培

图1–2 罗汉果山坡种植

近年来，随着罗汉果药材的市场需求量剧增，产地大量开垦荒山坡地发展经济作物，破坏了罗汉果的生态环境，加之连年的过度采收，导致罗汉果野生资源破坏严重，野生资源储备量锐减，有些地区濒临灭绝的危险。据钟仕强对罗汉果资源的调查发现，野生罗汉果大部分以散生为主，目前面积较大的群落只有金秀瑶族自治县境内的大瑶山。随着罗汉果供需矛盾日益突出，人工栽培研究成为关注的焦点，许多研究者从其种质资源、生物学特性、繁殖技术、田间管理、采收加工、生物技术快速繁殖和生产次生代谢产物等各个方面进行了研究，为实现其产业化奠定了基础。然而，虽然现有罗汉果栽培面积较大，但普遍存在种源混乱、生产加工水平低等现象。

本书详细阐述了罗汉果的药用资源、栽培技术、特色适宜技术、药材质量评价和现代研究与应用，为提升罗汉果的生产加工水平提供参考。

第2章

罗汉果药用资源

一、形态特征与分类检索

1. 植物学形态特征

罗汉果［*Siraitia grosvenorii*（Swingle）C. Jeffrey ex A. M. Lu et Z. Y. Zhang］为攀援草质藤本，长3～10m。根多年生，肥大，纺锤形或近球形。茎、枝稍粗壮，有棱沟，初被黄褐色柔毛和黑色疣状腺鳞，后毛渐脱落变近无毛。叶柄长3～10cm，被同枝条一样的毛被和腺鳞；叶片膜质，卵形心形、三角状卵形或阔卵状心形，长12～23cm，宽5～17cm，先端渐尖或长渐尖，基部心形，弯缺半圆形或近圆形，深2～3cm，宽3～4cm，边缘微波状，由于小脉伸出而有小齿，有缘毛，叶面绿色，被稀疏柔毛和黑色疣状腺鳞，老后毛渐脱落变近无毛，叶背淡绿，被短柔毛和混生黑色疣状腺鳞。卷须稍粗壮，初时被短柔毛后渐变近无毛，2歧，在分叉点上下同时旋卷。雌雄异株。雄花序总状，6～10朵花生于花序轴上部，花序轴长7～13cm，像花梗、花萼一样被短柔毛和黑色疣状腺鳞；花梗稍细，长5～15mm；花萼筒宽钟状，长4～5mm，上部径8mm，喉部常具3枚长圆形、长约3mm的膜质鳞片，花萼裂片5，三角形，长约4.5mm，基部宽3mm，先端钻状尾尖，具3脉，脉稍隆起；花冠黄色，被黑色腺点，裂片5，长圆形，长1～1.5cm，宽7～8mm，先端锐尖，常具5脉；雄蕊5，插生于筒的近基部，两两基部靠合，1枚分离，花丝基部膨大，被短柔毛，长约4mm，花药1室，长约3mm，药室S形折曲（图2-1）。雌花单生或2～5朵集生于6～8cm长的总梗顶端，总梗粗壮；花萼和花冠比雄花大；退化雄蕊5枚，长2～2.5mm，成对基部

合生，1枚离生；子房长圆形，长10～12mm，径5～6mm，基部钝圆，顶端稍缢缩，密生黄褐色茸毛，花柱短粗，长2.5mm，柱头3，膨大，镰形2裂，长1.5mm（图2–2）。果实球形或长圆形，长6～11cm，径4～8cm，初密生黄褐色茸毛和混生黑色腺鳞，老后渐脱落而仅在果梗着生处残存一圈茸毛，果皮较薄，干后易脆。种子多数，淡黄色，近圆形或阔卵形，扁压状，长15～18mm，宽10～12mm，基部钝圆，顶端稍稍变窄，两面中央稍凹陷，周围有放射状沟纹，边缘有微波状缘檐。盛花期6～8月，果期8～10月。

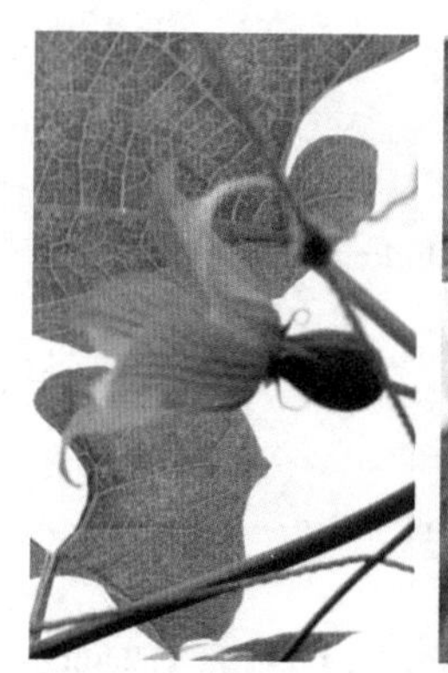

图2–1　罗汉果雌花

图2–2　罗汉果雄花

果实内部结构中，果瓤（中、内果皮）海绵状，浅棕色。种子扁圆形，多数，长约1.5cm，宽约1.2cm；浅红色至棕红色，两面中间微凹陷，四周有放射状沟纹，边缘有槽。气微，味甜。放置时间长了会有粉末，为果糖结晶形成。

果皮横切面：外果皮为1列扁小表皮细胞，外被角质层，厚4～12μm，气孔微向外突；有时可见多细胞非腺毛或基残基。中果皮外侧为4～6列圆形或切向延长的薄壁细胞；向内为6～9列石细胞层，细胞呈圆形、长圆形、类方形或不规则多角形。紧贴石细胞层内侧，为数列大形不规则的多角形细胞，壁略厚、具壁孔。其内数列薄壁细胞常皱缩或颓废；维管束双韧型，常两个内外相连稀疏散布。内果皮为1列扁小的薄壁细胞。

种子横切面：表皮在种子扁平向的上下部位，为1列栅状细胞，长205～280μm，宽12～30μm，左右两侧表皮细胞黏液化，其内为数层切向延长的薄壁组织。在栅状细胞下层为数层厚壁纤维和大型石细胞层，近种仁处排列成环。内表皮为1列扁小细胞。胚乳细胞1～2列。子叶细胞含脂肪油滴。

2. 葫芦科罗汉果属分类检索表

1 雄花序聚伞状圆锥状，多花 … **1.锡金罗汉果*S. sikkimensis*（Chakravarty）C. Jeffrey**

1 雄花序总状或圆锥状，6～10花。

2 种子具2层翼，翼缘疏齿；花萼裂片（3～4）mm×（3～4）mm………………………………………… **2.罗汉果*S. grosvenorii*（Swingle）C. Jeffrey ex A. M. Lu et Z. Y. Zhang**

2 种子具3层翼，翼缘钝齿；花萼裂片（3～5）mm×（7～9）mm………………………………………… **3.翅子罗汉果*S. siamensis*（Craib）C. Jeffrey ex S. Q. Zhong et D. Fang**

3. 罗汉果主要栽培品种检索表

罗汉果的主要栽培品种按果实形状、果毛着生部位分为长果形与圆果形两大类。果实为椭圆形、卵状椭圆形、长圆柱形的属长果类品种；而果实为圆形、扁圆形、梨状短圆形的属圆果类品种。具体的品种有：青皮果、长滩果、冬瓜果、拉江果、茶山果、红毛果。它们的特征、检索如下。

1 果椭圆形、卵状椭圆形、梨形和长圆柱形。

2 果椭圆形或卵状椭圆形，果面被稀柔毛，具脉纹9～10条 ……………………长滩果

2 果椭圆形或梨形，果面密被锈色柔毛 ……………………………………拉江果

2 果长圆柱形，两端平截，果面被短柔毛，具六棱形 ……………………………冬瓜果

1 果圆形、梨状短圆形。

2 果圆形，横径4.9～6.3cm，子房、幼果被白色柔毛 ……………………………青皮果

2 果圆形，横径3.6～4.6cm，子房密被红色腺毛 …………………………………茶山果

2 果梨状短圆形，子房、幼果、嫩枝密被红色腺毛 ……………………………红毛果

二、生物学特性

1. 生态学习性

罗汉果植物适应性较强，分布在我国华南地区的大部分山区，属于热带或亚热带湿润气候，但分布并不均匀，以广西北部桂林最为集中，广东也有一定量的分布，湖南、贵州、海南和江西等地仅在与广西接壤的地区有零星分布。罗汉果在广西分布的地理区域为东经106.5º～111.5º、北纬21.8º～25.8º，东起贺州昭平县，南至防城港市，西到百色凌云县，北达桂林龙胜县，其中以金秀瑶族自治县境内的大瑶山分布最为集中。罗汉果大多野生在海拔250～1000m的山谷、溪边或湿润的山坡上，分布区荫蔽、多雾、昼夜温差大、无霜期长达300多天，多以蕨类、苔藓、灌木丛、竹

林、油茶林、兰科植物和常绿阔叶林等植被为主。基本生长期（3～10月）内，温度变差大，前期低、中期高、后期略低，月平均气温为16～19℃。昼夜温差在6～10℃，空气相对湿度为81%～87%，年平均降水量多在1050～1750mm之间；短日照植物，喜光而忌强光，要求每天日照7～8小时，在整个生育期内，日照时数与产量增加成正相关；土壤多为页岩、砂岩、花岗岩形成的酸性黄壤、红壤或黑壤，土层深厚、肥沃，富含腐殖质，pH4.5～5.5。

2. 生物学特性

罗汉果为多年生攀援藤本，根肥大，植株密被黑色或红色疣状腺鳞，疏生或密生柔毛；叶片膜质，卵形、三角状卵形或阔卵形。雌雄异株，雄花序总状，花萼筒宽钟形，花萼裂片5枚，三角形，花冠黄色，被黑色腺点；雌花单生或2～5朵顶端钻状尾尖，花萼和花冠比雄花大，退化雄蕊5枚，子房密生黄褐色茸毛。果实球形或长圆形。盛花期6～8月，果期8～10月。

罗汉果在广西产区，3～4月，旬温15℃以上时，块茎颈部休眠芽开始萌动，4月中下旬抽梢，新蔓在5～8月生长迅速，每天可长3～10cm；6～9月中旬，旬温22.5～28.5℃，结果蔓陆续或间隙显蕾、开花，7月为盛花期，9月下旬后所开的花为无效花，果实不会膨大，8～11月果实分批分期成熟，果实生长期60～85天；11月中旬后，旬温降至15℃，地上部分逐渐枯萎倒苗，从块茎部上10～15cm剪断，将地下块茎培土越冬。全年生长期240～262天。罗汉果的结果年龄，因品种、栽培技术而有差别。用传统种薯种植，青皮果2年开始结果，少数1年也能结果；拉江果2～3年结果；长滩果3～4年才结果。青皮果盛果期3～6年，长滩果盛果期长达10～12年。用组培苗种植，一般当年结果。

3. 罗汉果的生长习性

罗汉果在生长发育过程中对生态条件的要求。喜温，怕霜冻。早春低于15℃新梢停止生长，13℃以下就出现枯梢，22～28℃生长良好，35℃以上高温对其生长发育不利，果实发育受阻，坐果率明显下降。罗汉果要求空气湿度在75%以上、田间持水量在60%～80%的条件下生长。因此要求栽培地雨量充沛，年降雨量为1366～1929mm。罗汉果为短日照植物，幼苗期耐荫，忌强光，在半荫蔽的环境中生长发育良好，每天有6～8小时光照就可以满足其生长发育需要。罗汉果对土壤的要求不是很严格。除砂土、黏土和排水不良的低洼地外，一般土壤均能生长。以排水良好、土层深厚、含腐殖质多的红黄壤土最为适宜。

（1）生长习性　在整个生长发育过程中可分为苗期、开花结果期、盛果期和枯萎期四个时期。苗期由种苗定植后至二三级侧蔓形成，需要70～80天，是进行营养器官的生长和陆续分化花芽的时期。开花结果期从现蕾到点花授粉，通常为30～40天，此期茎蔓持续伸长，花芽连续或间歇性形成，花数不断增加。盛果期从果实大量形成至成熟，一般需要80～90天，此期果实与营养器官生长达到最高峰，光合作用制造的营养物质主要向果实输送，是决定产量和质量的关键时期。枯萎期由果实大量采收后至地上部茎叶枯死，需要40～50天，此期由于冬季低温的影响，植株生长逐步停滞，继而叶片、藤蔓随着营养回流而干枯、死亡。

（2）开花结实特性　当年即可大量开花结实。花果的着生位置以二三级侧蔓为主，其中在二级侧蔓上的4～26节均有分布，但以6～15节为主，且坐果率较高，果形较大；在三级侧蔓上，花果的着生节位更为靠前，多分布为3～18节，但坐果率稍低，果形较小。当花蕾成熟，子房横径达0.50～0.85cm，旬温达22.5～28.5℃时，开花。在7～8月雌花和雄花早上6点半至7点开始开花，6月和9月由于气温较低，开花时间略有推迟，如遇低温、阴雨或多雾的气候，开花时间推迟到早上9～10点。雄花的花药开裂时间与开花时间大体一致或稍迟。花药开裂了的花粉，在夏季高温干燥时洒落快，故人工授粉采集花以在早上5～7点为宜。罗汉果花粉寿命较短，如在早上采集含苞待放的花朵，装进广口瓶中，置低温条件下，花粉寿命可延长至5～6天。

4. 罗汉果的遗传多样性

彭云滔利用ISSR和RAPD研究了野生罗汉果居群的遗传多样性。结果表明：广西金秀和永福的居群具有较高的遗传多样性水平，是利用和保护的重点；同时，居群间还存在一定地域性的遗传变异。因此，应尽快建立种质资源库，以完善野生罗汉果的保护和利用。周俊亚运用ISSR、RAPD和AFLP三种分子标记，结合主成分分析和聚类分析，探讨了13份雄株和62份雌株栽培罗汉果的遗传多样性。结果表明：主栽品种红毛果和青皮果的遗传多样性较低；爆棚籽可能是某些品种的退化和植株的变异；而冬瓜果和茶山果具有较高的的遗传多样性，是良好的育种材料；其雄株也具有较高的遗传多样性。针对主栽品种遗传多样性低、种性退化的情况，必须通过种子选育和组织培养等方法进行提纯复壮，或利用野生优株与现有品种进行杂交育种，培养新品种。

三、地理分布

1. 罗汉果的产区分布

罗汉果原产于我国广西、广东、湖南、江西、贵州等省（自治区），主要分布在广西境内。永福、临桂、龙胜为罗汉果起源中心，资源极丰富。这三县位于广西的东北部、桂林西部，地处北纬24º38′～26º17′、东经109º37′～110º15′之间，属越城岭山脉的大南山、天平山自东南向西北延伸于此，总面积72.537万公顷，山地面积约占70%。属中亚热带气候区，县城年平均气温18.1～19.2℃，1月平均气温7.8～8.4℃，7月平均气温26.7～28.7℃，绝对最高温度39.5℃，最低温度-4.8℃，年平均日照时数1237.3～1626.4小时，年平均降水量1500～2002mm，全年无霜期308～314天。此外，金秀县及其邻县的大瑶山野生资源也较多。

罗汉果在其他省份也有零星分布，如广东的五华、和平、南雄、乳源、连山、信宜等；江西的资溪、安福、永新、井冈山、龙南、全南等；湖南的道县、宁远等；贵州的黄平、榕江、望谟等。

2. 罗汉果的野生类型与分布

罗汉果在长期的系统进化过程中，由于自然的分化、杂交和选择，形成了极为丰富的野生类型，产生了许多的优良株系，为我们引种栽培及选育良种提供了宝贵的材料。下面为有关部门在资源调查过程中发现并鉴定的一些主要野生类型和典型优株。

（1）野长滩果　植株生长健壮。叶片为长三角心脏形，长21.51～24.18cm，宽14.5～15.57cm，叶面深绿色，叶背浅绿色膜质，具灰白色柔毛。花黄色，花期6～10月。果实于9～11月成熟。果实梨形、长圆形，两端略小中间鼓大，果皮具明显不规则隆起，果脉不明显，果面柔毛短而稀，果中等大，纵径6.50cm，横径5cm。产于永福县龙江乡龙隐村、保安村等地。

（2）野拉江果　植株生长健壮。叶片为长三角心脏形，叶基平展半开张，叶尖渐尖，叶片长24.5cm，宽15cm，叶柄长5.4cm。果梨形、椭圆形，略带不明显三棱，果顶稍平。果实中等大，纵径6.04～6.50cm，横径4.67～4.98cm。鲜果重85.6g，可溶性固形物20.50%～20.58%，每100g鲜果含维生素C 160.5～195.36mg。单株产量较高。产于龙胜县三门镇、临桂县茶洞乡、永福县龙江乡等地。分布海拔600～750m。

（3）野冬瓜果　植株生长健壮。叶片三角心脏形，先端渐尖，叶基闭合，长10～23cm，宽7～13cm。花黄色，花期7～10月。果长圆柱形、圆柱形，大小整齐，果面被白色柔毛，具明显或不明显六棱。果实大或中大，纵径6.21～6.75cm，横径4.70～5.68cm，单株产量较高。产于龙胜县三门镇、日新乡、和平乡，永福县龙江乡、寿城镇、堡里乡和城关镇，临桂县茶洞乡和黄沙乡等。分布海拔300～800m。

（4）野青皮果　植株生长健壮。叶三角心脏形，叶尖渐尖，叶基半开张，叶片长12.8～26cm，宽11～14cm。花黄色，花期6～10月。果圆形或椭圆形，果面密被细柔毛。果中大或中小，纵径5.46cm，横径5.04cm。单株产量较高。产于龙胜县三门镇与和平乡、永福县龙江乡、临桂县茶洞乡等。

（5）古曼果　植株生长健壮。叶三角心脏形，叶尖渐尖，叶基开展。花淡黄色，花期7～8月，花蕾多，但坐果率低。果椭圆形、梨形，果面有不明显的纵沟痕。产于临桂县茶洞乡。

（6）大油桐果　植株长势强。叶心脏形，长13～18.5cm，宽12～16cm。早熟，5月中旬始花，8月中旬首批果成熟。果实椭圆形，果顶有乳状突起，果大，中大果占近70%。最大果纵径7.09cm，横径7.0cm，鲜果重149g，果柄短而粗，长2.20cm，粗0.3cm，每一节挂2～3个果，呈穗状。高产。产于龙胜县三门镇等。分布海拔约400m。

（7）大罗汉果　植株生长势强。叶片为三角形，叶尖渐尖，叶长15cm，宽13.5cm，叶面青绿色，柔毛短而稀，叶基半闭合，叶柄长6.8cm，柄粗0.3cm，叶缘有稀疏的细锯齿。子房为长椭圆形，密被柔毛。花红黄色，花瓣淡黄色，长2.5cm，宽0.9cm，先端渐尖，柱头开展，花冠直径3cm。果圆形，大小整齐，纵径5.5cm，横径5.5cm，果面密被白色柔毛，果顶宿存花柱尖凸。单株产量20～30个。产于永福县龙江乡等。

（8）野红毛果　植株生长健壮。叶片心脏形，叶长20cm，宽17cm，叶片浓绿色，子房密被红色腺毛。花期6～10月。果圆形，果中小，纵径5.35cm，横径5.22cm，平均鲜果重70g，可溶性固形物占20.50%，每100g鲜果含维生素C 221.8mg。抗逆性强，丰产。产于龙胜县瓢里镇、永福县龙江乡等。

（9）野穗状白毛果　植株生长强壮。叶片心脏形，长22cm，宽18cm，叶片渐尖。花为穗状花序，每穗有花2～7朵，子房圆形，密被白柔毛，花瓣黄色，花蕾极多。果圆球形，果偏中大，纵径5.71cm，横径5.61cm，平均鲜果重87.3g，每100g鲜果含维生素C 580.80mg。丰产。产于龙胜县日新乡等。分布海拔约750m。

（10）野白毛果　植株生长势强。叶片三角形，叶尖渐尖，叶面深绿色，叶背浅绿色，密被柔毛，叶片长18cm，宽13cm，叶基半开张，叶柄长5.2cm，粗0.4cm。4月上旬萌芽，5月中旬开花。果圆形，纵径6.0cm，横径6.0cm，果面密被柔毛，果顶稍平，果柄长3cm，粗0.2cm。高产耐寒，单株产果40～60个。产于永福县龙江乡等。

（11）地藕果　叶片卵形，叶尖渐尖或急尖，叶面深绿色，叶背浅绿色，叶基开展。果梨形，果顶花柱宿存处微凹，具不明显辐射状沟纹，果实纵径6cm，横径5cm，果柄长1.5cm，粗0.3cm，单株产果42个。适应性强，味甜。产于永福县龙江乡、临桂县茶洞乡等。分布海拔300～400m。

（12）马铃果　植株生长健壮。叶片三角心脏形，长12～17cm，宽8～12cm，叶基半开张，叶柄长4.9cm，粗0.3cm。花黄色，子房椭圆形，密被红色腺毛，花期7～10月。果圆形或扁圆形，具明显或不明显六棱，果实小，纵径3.77～4.50cm，横径3.77～5.30cm，果皮密被柔毛，果柄短。单株产量一般为50～60个，高产的达400个。产于龙胜县三门镇、永福县龙江乡和罗锦镇、临桂县茶洞乡和黄沙乡等。多分布在海拔400～700m的山区。

四、生态适宜分布区域与适宜种植区域

罗汉果种植地块的选择应遵循国家《中药材生产质量管理规范（试行）》要求，种植地环境应按照产地适宜性优化原则，因地制宜、合理布局，同时空气、灌溉水和土壤等环境质量应符合国家相应标准。根据GIS空间分析法得出罗汉果主要生产区域生态因子范围：≥10℃积温3331.9～7902.9℃；年平均气温16.9～26.0℃；1月平均气温0.9～12.5℃；1月最低气温-3.1℃；7月平均气温20.6～28.8℃；7月最高气温33.9℃；年平均相对湿度75.7%～83.9%；年平均日照时数1289～1836小时；年平均降水量1275～1643mm；土壤类型以赤红壤、红壤、黄壤、紫色土等为主。

1. 温度

罗汉果对温度要求温暖，昼夜温差大，夏季白天炎热，晚上凉爽；不耐高温，怕霜冻。温度适应范围18～32℃，以25～30℃为适宜，低于22℃果实膨大受阻，温度降低到20℃时生长延缓，低于15℃植株生长停滞，13℃以下低温新梢出现寒害枯黑，遇到霜冻，地上部藤蔓枯死。在5℃低温，块茎需要培土防寒。当积雪数天，此时越冬的一年生块茎常出现受冻死亡。罗汉果对高温的适应性也差，遇到短时间34℃的气温，植株尚不致死亡，但高温对植株生长发育不利，当气温高于35℃时，花粉萌发力减弱，花粉管生长缓慢，授粉不良，坐果率明显降低，果实发育迟缓。

温明等根据罗汉果在广西不同产区（桂北产区、平原区、丘陵山地）的产量、

质量的差异，从气候生态条件方面予以研究分析，指出罗汉果的温度特征为：在基本生育期（3～10月）内，温度变差大，呈现前期低、中期高、后期略低的趋势。以桂北产区（高产区）为例，其温度偏差系数比其他栽培产区高出0.07，其温度变幅达14.5℃（其他栽培区仅为11℃）。这个区域在罗汉果生育前期［出苗至藤蔓抽生（拔节）］温度较低，月均温度约18℃（其他栽培区已达20℃以上），抑制了藤蔓徒长，促进植株粗壮，有利于前期营养生长，也为后期的生殖生长奠定基础；在生育后期（开花至果实膨大充实）温度迅速升高，7、8月均温增量达2℃以上（其他栽培区为1℃），有利于光合作用加强；温度日较差较大，月均日较差之和为36.2℃，比其他栽培区高出2～4℃，有利于光合物质的积累和呼吸消耗的降低。说明了出苗至藤蔓抽生（拔节）期温度低，开花至果实充实期温度升高、温度日差大是罗汉果高产的气候特征。

李小平在研究桂北产区内罗汉果产量与气候条件的关系中指出：温度对产量呈正效应的时段是4月上旬、5月中下旬至8月中旬，以及10月；呈负效应的是4月中旬至5月中旬、8月下旬至9月下旬。其中温度正效应最大的为6月中旬至7月下旬，负效应最大的是4月下旬。产量与温度的相互关系揭示的生物学意义在于：6、7月正值藤蔓分枝到开花结果期，温度较高，可促进侧芽分化，促进开花结果，提高产量。

2. 水分

罗汉果枝叶茂盛，营养面积大，花果期长且数量多，需要吸收大量的水分。水分的吸收主要是依靠块茎基部3～5条侧根生长出来的须根，这些根群分布在表土层，易受环境的影响。因此，在其生长期，要求有充沛的雨量和较高的空气湿度，一般在年降雨量在1366～1929mm，相对空气湿度在75%～82%，土壤田间持水量在60%～80%的环境下较为适宜。

温明等研究指出：罗汉果在整个生育期保持较高的空气湿度，并且具备丰富的降水量及其适宜的时间分布。他们统计了桂北产区（高产区）罗汉果全生育期的相对湿度，得出该区域各月均在75%以上。在比较桂北产区、平原区、丘陵山地3种罗汉果产区降雨量差异时认为桂北产区降水量十分丰富，在罗汉果整个生育期中，降雨量达1616mm，比其他栽培区多120～150mm，且降水时间分布较为适宜，4～7月为降水高峰期，月平均250～350mm，比其他栽培区高100mm左右，有利于藤蔓生长，促进侧蔓分枝，为产量的提高打下基础，而果实生长充实期月均降水迅速降至100mm以下，有利于果实中糖分及其他营养物质的积累。

李小平在经过对桂北产区降雨量的积分回归分析得出：降水对罗汉果呈正效应的时段主要是7月下旬至10月下旬，最大值在8月上旬至9月上旬；对罗汉果产量呈负效应的主要时段是4月上中旬；其余时间降雨量对罗汉果产量正效应表现不明显，表明罗汉果生育期的大部分时期里，当地降雨量基本可满足罗汉果生长所需。这个结论提示着：4月上中旬正好是罗汉果萌动出苗期，如遇长期低温阴雨天气，将使出苗率与出苗速度降低，从而间接影响产量。从理念上说，这一时期若旬降雨量增加10mm，将使每公顷果实产量减少54个。8月上旬至9月，是果实膨大、充实期，雨量充沛，可避免由于高温干旱引起植株缺水，维持适宜的土壤温度和较大的空气湿度，有利于营养物质向果实的转运，这一时期旬雨量增加10mm，每公顷产果量增加975个。

3. 光照

罗汉果属短日照植物，要求每天日照时数7～8小时，喜光但忌强光，成年植株在树荫下种植，由于光照少，植株生长纤细，藤蔓节间长，叶片薄，结果少；幼苗忌强光，在半阴环境下生长良好。

温明研究认为：光能资源是罗汉果气候生态的一个重要因子，其包括光质、光量与光时三方面。对于罗汉果生长发育有利的光能特征是：光能资源丰富，雾日多，并以散射光为主。在桂北产区，罗汉果全生育期内总辐射量达345 124.0J，比桂南山区高5430～8150J，说明该产区光能利用潜力很大。

李小平等研究指出：在整个生育期中，日照时数对罗汉果产量的影响以正效应为主，光照条件越充足，对罗汉果产量形成越有利。而对产量影响较关键的时期是6月中旬至8月中旬，揭示：6月中旬至8月中旬，罗汉果处于开花结果最旺盛时期，充足的光照可加强植株叶片的光合作用，提高昼夜温差，使营养物质累积增加，呼吸消耗减少，并有利于花芽分化，提高开花量与坐果率。在理论上，这时期若旬日照时数增加10小时，可使罗汉果每公顷产量增加975个果实。

4. 土壤

罗汉果对土壤要求并不严格，除砂土、黏土及排水不良的低洼地以外，一般土壤均能生长。但要获得高产优质，则要求排水良好，土层深厚，肥沃，富含腐殖质，以红壤或壤土最为适宜。砂土、黏土及排水不良的地块之所以不适宜种植罗汉果，是因为除植株生长不良外，更多是根结线虫受害率高，造成根茎腐烂。

种植区适宜的气候条件可参照其主产区气候状况：属亚热带气候区，气候凉爽多湿，年平均降水量为1900～2600mm，年平均温度16.4～19.2℃，最热的7月，月平均气温在26.5～28.3℃，最冷1月，月平均气温在7.8～8.4℃，年平均日照在1412～1700小时，年平均空气相对湿度在75%～84%，土壤多为红、黄壤土，pH值在5.5左右。

种植地适宜的生境条件以海拔200～800m为宜，海拔超过1000m时，种植的前期、后期温度明显偏低，对罗汉果生长不利。背风向阳的东南坡向的缓坡地较好，坡度太大则土壤保水保肥能力差，易受旱害，田间管理困难；坡向如朝西北方向，光照时间不够，形成花芽分化难，后期易受风害。4月温度能稳定在15℃以上，7～8月平均温度在28℃以下，短时最高温度不超过38℃，10月温度不低于15℃；多雾露与散射光，每天光照8小时为宜，6～8月日照充足；年降水量1800mm左右，排灌方便；土层深厚肥沃，腐殖质丰富，疏松湿润，通气性良好，保水保肥能力强。原种植茄科、葫芦科以及其他藤蔓作物的熟地，易造成病虫害交叉侵染不宜选用；砂土易遭受根结线虫危害，漏水漏肥严重，黏土排水不良，根茎易感病，都不宜选用。

罗汉果种植地必须远离有“三废”的工矿企业以及垃圾场、医院和生活区，离

交通干道距离达100m以上，并具备一定的隔离带。生态环境质量参考如下标准（表2-1～表2-3）。

表2-1　大气环境质量标准

项目	标准		
	日平均*	任何一次**	单位
二氧化硫	0.05	0.15	mg/m^3
氮氧化物	0.05	0.10	mg/m^3
总悬浮颗粒	0.15	0.30	mg/m^3
氟	7	—	$\mu g/m^3$

注：*“日平均”为任何一日的平均浓度不许超过的限值。
**“任何一次”为任何一次采样测定不许超过的浓度限值。

表2-2　灌溉水质量标准　　单位：mg/L

项目	标准	项目	标准
pH值	5.5～8.5	铬（+6）	0.1
总汞	0.001	氯化物	250
总镉	0.005	氟化物	2.0（高氟区）3.0（一般地区）
总砷	0.005（水田）0.1（旱作）	氰化物	0.5
总铅	0.1		

表2-3　土壤质量标准　　单位：mg/L

土壤类型	不同土层深度中的污染物含量									
	汞Hg		镉Cd		铅Pb		砷As		铬Cr	
	20cm	40cm	20cm	40cm	20cm	40cm	20cm	40cm	20cm	40cm
水稻土	0.551	0.2078	0.377	0.252	66.64	50.16	22.38	20.2	27.28	125.6

续表

土壤类型	不同土层深度中的污染物含量									
	汞Hg		镉Cd		铅Pb		砷As		铬Cr	
	20cm	40cm	20cm	40cm	20cm	40cm	20cm	40cm	20cm	40cm
砖红壤	0.0984	0.0704	0.2716	0.2346	63.14	77.78	17.18	27.64	233.36	256.44
赤红壤	0.133	0.1722	0.1554	0.1462	83.76	105.64	36.36	62.9	107.3	133.68
红壤	0.18	0.1866	0.1936	0.1862	54.66	66.12	39.34	35.78	50.44	124.8
黄壤	0.2136	0.2636	0.1854	0.1736	56.34	81.9	32.68	35.14	108.1	198.94
六六六≤0.1										DDT≤0.1

第3章

罗汉果栽培技术

一、品种

（一）栽培品种

罗汉果拥有300多年的栽培历史，目前的栽培品种主要有长滩果、拉江果、冬瓜果、青皮果、红毛果和茶山果。各品种的主要特性如下。

1. 长滩果

因产于广西永福县龙江乡保安村的长滩（地名）而得名。植株长势中等，叶片心脏形，先端渐尖，长17～22cm，宽12～19cm，叶柄长5.5～8.0cm，叶柄粗0.25～0.35cm。花期7～10月。果实长椭圆形或卵状椭圆形，纵径6.96～7.91cm，横径4.62～6.07cm，鲜果重44.44～91.44g，最大单果重112g，果皮细嫩，被稀柔毛，果面具明显细脉纹9～10条，果顶微凹。每100g鲜果中维生素C含量为459.38mg，蛋白质含量为8.67%，总糖含量为38.31%（其中果糖和葡萄糖含量分别为17.55%、15.19%），可食用部分占全果的94.07%；种子长椭圆形，千粒重为127g，种仁含油脂27.76%。单株结果20～40个。长滩果风味特佳，为罗汉果栽培品种中品质最好的珍贵品种，但对生态环境和栽培技术要求严格，在不具备产区适宜生态条件的新产区引种难以获得成功，因而栽培面积和产量逐年减少，在20世纪70年代尚占罗汉果生产总量5%左右，而现在已几乎无人种植，甚至纯正单株亦难觅踪迹，沦为濒危品种。因此，利用原产区优越的自然条件和适宜的生态环境，收集仅存的母株资源，加以扩大繁殖，建立起长滩果品种保存基地，已成为当务之急。

2. 拉江果

拉江果又称拉汉子，由长滩果实生苗选育而成。叶片心脏形，长16～18cm，宽8～13cm，叶柄长6.0～8.5cm，叶柄粗0.15～0.25cm。花期6～10月。果实椭圆形、长圆形或梨形，横径4.58～5.87cm，纵径6.11～7.16cm，鲜果重52.20～97.56g，果实表面密被锈色柔毛。每100g鲜果中含维生素C含量为381.82mg，蛋白质含量为10.78%，总糖含量为25.17%（其中果糖和葡萄糖含量分别为10.40%、5.71%），可食用部分占全果的91.5%；种子椭圆形，千粒重为120g，种仁含油脂28.16%。本品种品质好，适应性较强，适宜山区与低丘陵区栽培。其果形变化复杂，其中长果类型的拉江果值得进一步选育，以稳定其优良性状。

3. 冬瓜果

植株生长健壮。叶片三角心脏形，长14.5～25.5cm，宽9.8～16.5cm，叶柄长4.0～5.5cm，叶柄粗0.25～0.40cm。花期6～10月。果实长圆柱形，两端平截，横径5.10～6.19cm，纵径6.10～7.51cm，鲜果重71.6～85.0g，果面密被短柔毛，具六棱。每100g鲜果中维生素C含量为478.72mg，总糖含量为16.1%，可食用部分占全果的90.50%；种子瓜子形，千粒重为146g。本品种高产优质，分布广，但仅有少量栽培，应积极推广，扩大种植。

4. 青皮果

植株生长健壮。叶片心脏形，先端急尖，长11.0～15.5cm，宽10.0～13.5cm，叶柄长3.5～6.0cm，叶柄粗0.30～0.45cm。花期6～10月。果圆形，横径4.9～6.3cm，纵

径5.12～6.80cm；鲜果重59.44～97.72g，果面由基部至顶部具脉纹，被细短白柔毛。每100g鲜果中维生素C含量为339.68mg，总糖含量为26.76%（其中葡萄糖和果糖含量分别为13.55%、10.20%），可食用部分占全果的90.55%；种子近圆形，千粒重为140g，种仁油脂含量为32.74%。青皮果品质稍次于长滩果、拉江果和冬瓜果，但结实早、产量高、适应性强，山区、低丘陵区或平原均能生长，因而栽培面积最广，20世纪70年代已占罗汉果总产量的75%，目前所占的比例已达95%。

5. 红毛果

植株生长健壮。子房、幼果、嫩枝密被红色腺毛。果实梨状短圆形，横径3.50～4.50cm，纵径3.50～5.20cm，果面被短柔毛。高产，适应性强，味甜，果小，可用于加工制品和作为杂交育种的原始材料。

6. 茶山果

因半野生于油茶林中而得名。果实圆形，横径3.60～4.55cm，纵径3.70～4.55cm，鲜果重37～62g，每100g鲜果中维生素C含量为465.44mg，总糖含量为25.12%，可食用部分占全果的83.8%，果味清甜，品质中上，但果小。适应性强，产量高，可用于加工制品和作为杂交育种的原始材料。

（二）组培苗品种

利用组织培养进行种苗繁殖是罗汉果良种快繁和提纯复壮的有效途径。自该项技术取得突破以后，结合优良单株选择或杂交等育种手段，培育出了多个性状优良的组培无性系品种。

1. **桂汉青皮1号**

以优良青皮果薯块苗单株茎尖离体培育，诱导筛选培育的一个罗汉果优良品种。该品种幼苗期生长稍缓慢，中后期生长势强，枝叶茂盛。叶片心形，先端急尖，叶片长12.5～16.5cm，宽11.0～15.0cm，叶柄长4.5～6.5cm，叶柄粗0.45cm。花萼5裂，花瓣黄色，被红色腺毛，花瓣5枚，柱头3个，雄蕊退化。果实椭圆形，横径5.0～6.5cm，纵径5.5～7.0cm；果柄长1.5～2.0cm，直径0.3cm，果面基部至顶部具10条脉纹，被细短白柔毛。幼果和成长果青色，成熟果淡黄青色，成熟种子淡黄色，种子近圆形，长1.5cm，宽1.2cm，千粒重140g。生育期200天左右；开花天数70～80天；从种植到开花需90～110天，从种植到果实成熟需180～200天。鲜果三萜皂苷含量为0.71%～1.0%，维生素含量为0.35%，蛋白质含量为9.68%，可食用率为90.55%，种子油脂含量为32.74%。

2. **柏林2号**

通过对罗汉果优良品种青皮果单株进行芽尖脱毒快繁并经定向培养、提纯复壮，于2001年培育出的罗汉果组培苗新株系。叶片心脏形，先端急尖，长11.0～15.5cm，宽10.0～13.5cm，叶柄长3.5～6.0cm、叶柄粗0.30～0.45cm。花期6～8月，主要集中在7月上中旬，授粉坐果率高，成熟期一致。果实椭圆形至长椭圆形，果面由基部至顶部具脉纹，被细短白柔毛，品质仅次于长滩果、拉江果和冬瓜果，优于茶山果和红毛果。适应性强，山区、低丘陵或平原均能生长，特别适合进行规模种植与集约化经营。早结丰产，挂果多，一般单株可挂果80～150个。大中果率高，据各产区多年种植表明，在肥水条件好、管护得当的情况下，大中果率可达85%。果形美观，烘烤后干果色泽鲜亮。据测定，果实中甜苷含量比野生种罗汉果高5%～10%。

3. 柏林3号

从罗汉果优良品种青皮果中优选单株，通过芽尖脱毒快繁并经定向培养、提纯复壮，于2003年选育出的罗汉果新株系。“柏林3号”是从“柏林2号”青皮果中选育出的新株系，它秉承了“柏林2号”适应性广、根系发达、生长势强、耐肥耐旱、早结丰产、开花集中、授粉容易、成熟一致、大中果率高、内在品质好、种性稳定等优良特性，而且与“柏林2号”相比，植株抗逆性强，上棚早，来籽、开花授粉早，发生病害轻，生理性裂果少。

4. 永青1号

以龙江青皮果为母本，冬瓜果为父本进行杂交，经过两年的单株优选、组培繁育而成的雌性无性系品种。叶片心形，先端急尖，长11.0～15.5cm，宽10.0～13.5cm，叶柄长3.5～6.0cm，叶柄粗0.3～0.45cm。花浅黄色，花瓣5枚。果实长矩圆形，整齐美观，大果和特大果（横径分别大于5.8cm和6.4cm）率高达73.48%，平均单果重100g。果皮青绿色，纵纹清晰。果实总苷、甜苷Ⅴ、水浸出物、总糖和维生素C含量分别为8.84%、1.03%、37.9%、17.4%和3.02mg/g。抗逆性、丰产性好、产量为每公顷165 000个。在广西北部地区，4月上旬定植，4月中下旬抽芽，5～6月营养生长，7～9月中旬现蕾和开花，7月中下旬为盛花期，10～11月果实分批成熟采收。果实生长期为60～80天。

5. 普丰青皮

以“青皮3号”为母本，“冬瓜果”为父本进行杂交，经过两年的单株优选、组培繁育而成的雌性无性系品种。叶片长心形，长13.17～17.42cm，宽11.47～15.04cm，叶柄长5.14～5.78cm。子房浅绿色，被细短柔毛。花黄色，瓣5枚。幼果青绿色，成熟果横径5.63～5.82cm，纵径6.57～7.13cm，矩圆形。果皮淡青绿色，纵纹不清晰。果肉饱满，果柄长1.15～2.49cm，果大，单果重82.37g，内含物中总苷、甜苷Ⅴ、水浸出物、总糖和水分含量分别为6.23%、1.29%、37.50%、20.40%和72.70%，单粒种子重0.14g。与父、母本相比，“普丰青皮”果实大，甜苷Ⅴ含量高33%，果皮颜色浅，受阴雨和高温不良天气影响小，开花结果稳定，稳产丰产性好。

二、种苗繁育

罗汉果种苗繁殖方式包括有性繁殖（种子繁殖）和无性繁殖（压蔓繁殖、扦插繁殖、嫁接繁殖、组培快繁）。

（一）种子繁殖

罗汉果种子繁殖具有繁殖系数高、种源丰富、方法简易、成本低、可更新世代、提高生活力、便于远距离引种等优点，但苗期性别鉴定困难，植株变异性较大。罗汉果种子无休眠期，随采随播或翌年春播均可，秋播须在温室里进行才能越冬，因此通常采用春播。“清明”前后，当旬温稳定在20℃以上时为播种适宜期。一般采用条播，播后用细土覆盖，再用稻草覆盖畦面，以减少水分蒸发，避免土壤板结，保证种子顺利出土。次年春，待块茎长至3～5cm时便可种植（图3-1、图3-2）。

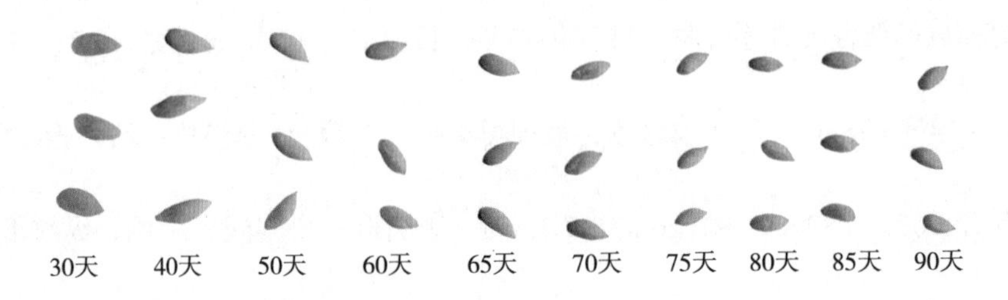

图3-1　罗汉果种仁

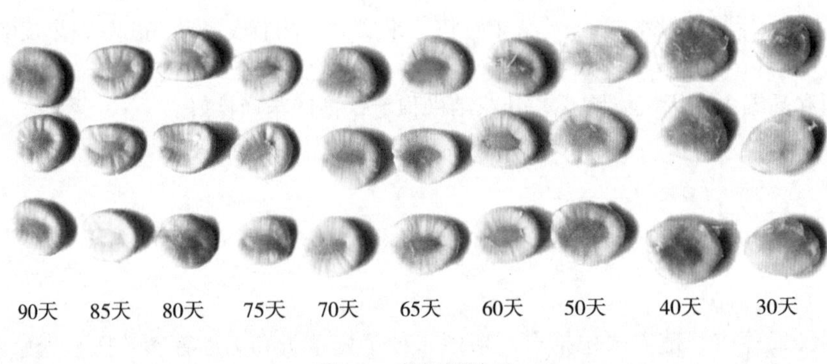

图3-2　罗汉果种子

（二）压蔓繁殖

压蔓繁殖技术简易，能保持母本性状，成活率较高，但高产优株繁殖材料少，且长期压蔓繁殖容易引起种性退化，从而导致产量下降和商品经济性状劣化。在根结线虫病为害区，就地压蔓繁殖还会导致种苗不同程度的带病。压蔓繁殖一般在9月，以旬温为25～28℃的“秋分”前后20天为宜，选择一年生植株的健壮藤蔓或壮龄高产植株基部侧蔓进行压蔓，以节间短且有花蕾的幼嫩蔓为好。

（三）扦插繁殖

在保证罗汉果优良品种的脱毒和纯度的前提下，扦插繁殖不失为一种简单易行且早结丰产的方法。当组培苗高30cm以上时，每株留3片叶，余下的剪成6～8cm的插条带两叶两芽，用1000倍的多菌灵消毒5分钟，置阴凉处稍晾干即可扦插。

（四）嫁接繁殖

嫁接是罗汉果无性繁殖方法中的一种经济有效的快速繁殖方法，能保持母本的优良特性，可有计划地繁殖雌雄株，提早结果，提高优良品种的适应性；还可嫁接良种改造低产园，配置花期相遇的优良授粉品种，是罗汉果实现良种化和提高产量、品质的重要途径。选择适应性强的实生或压蔓繁殖幼苗或成年植株的优良品种做砧木，选取芽眼饱满未萌动、叶片完好、半木质化的高产优质母株的藤蔓中部为接穗。整个罗汉果旺盛生长期均可嫁接，以“清明”到“立秋”期间最佳。

（五）组培快繁

由于罗汉果组培苗与传统压蔓苗（薯苗）相比具有种苗不带病毒、繁殖系数高、根系发达、生长旺盛、抗性较强、当年挂果、结果多和产量高等优势，且对丘陵、缓坡地、旱地、梯田等可用土地类型具有较广泛的适应性。因此，目前产区种苗基本都是组培苗。组培苗的生产主要包括种源基地选择、组培瓶苗培育、营养杯苗培育和组培苗质量要求等方面。

1. 种源基地选择

海拔200～1000m，年降雨量≥1050mm，年无霜期≥308天，年平均温度

16.0～19.3℃，4～10月空气相对湿度≥80.0%，pH4.5～6.5壤土地区，选择避风向阳，土层深厚肥沃，排灌良好的山地或平地作种源基地。

2. 组培瓶苗培育

（1）外植体取材 ①取材前处理：植株现蕾期，在罗汉果种源基地，选择健壮、无病虫危害、性状遗传稳定的植株，于晴天的上午采集前2小时，用杀菌剂喷雾灭菌。②取材：在灭菌植株上采集长20～30cm连续现蕾的嫩茎，去叶后整齐装入保鲜袋内，按株系编号标识并封口，放入4～10℃的低温保温容器内，密封带回组培室。③记录：每份外植体材料按株系记录品种名称、种植地点、海拔高度、田间环境概况、取材时间、取材人等，建立信息档案，必要时进行全株拍照。

（2）外植体消毒 ①消毒前处理：将外植体材料冲洗干净，在超净工作台中除去叶柄，剪切成3～5cm带腋芽或顶芽的茎段，分别放入消毒瓶中，每瓶材料不超过瓶子容积的1/3。②消毒：在超净工作台中，带上防护胶手套，向消毒瓶中加入0.1%升汞溶液，带腋芽茎段振荡消毒6～8分钟，带顶芽茎段振荡消毒3分钟，然后用无菌水冲洗4次以上。消毒药液可加“吐温80”等表面活性剂。

（3）接种 ①常规苗：在超净工作台中，将灭菌好的带腋芽茎段切成1～2cm，用镊子夹起斜植入瓶中的固体诱导培养基（MS＋BA 0.5mg/L＋NAA 0.05mg/L＋白糖3%＋琼脂4.5g/L，pH5.8），腋芽朝上，茎段尽量与培养基表面接触，拧紧瓶盖。②脱毒苗：在超净工作台中，将灭菌好的带茎尖的茎段放在解剖镜上，用解剖刀进行剥离，切取≤0.2mm茎尖放入固体诱导培养基（MS＋BA 0.5mg/L＋NAA 0.05mg/L＋白糖

3%+琼脂4.5g/L，pH5.8），拧紧瓶盖。

（4）诱导培养　接种好的材料按编号在培养瓶上做好标识，于暗室培养至外植体长出新芽，再每天光照4～6小时；在接种3～7天后，清除真菌和细菌污染的芽体；待无菌芽长出3片以上功能叶时，每天光照8～10小时，并进行病毒检测及时清除带病毒的芽体。培养间温度白天保持在24～28℃，夜间保持在20～24℃。

（5）继代培养　选取生长势旺盛的无菌芽，剪切成带腋芽或顶芽的茎段，分别以微扦插法转接入培养瓶中的固体继代培养基（MS+BA 0.5mg/L+NAA 0.05mg/L+白糖3%+琼脂4.5g/L，pH5.8），于暗室培养5～7天。新芽长出1cm时，每天光照2～4小时；长至2cm时，每天光照4～6小时；达到所需高度时，每天光照8～10小时，强度为2000lx左右。培养间温度白天保持在24～28℃，夜间保持在20～24℃。重复继代培养代数<20代。

（6）生根培养　将继代培养无根苗剪切成带腋芽或顶芽的茎段，分别以微扦插法转接入培养瓶中的固体生根培养基（MS+NAA 0.1mg/L+IBA 0.15mg/L+BA 0.07mg/L+活性炭0.01%+白糖3%+琼脂4.5g/L，pH5.8），放入暗室培养5天，清除污染苗，待长出根系时，移至培养架摆放。新芽长出1cm时，每天光照2～4小时；长至2cm时，每天光照6～8小时，直至叶绿茎粗。长出根系前温度保持在30℃左右，新芽长出后，白天温度保持在28℃左右，夜间保持在20～24℃。当苗高≥3cm时，逐渐降低培养间温度至15℃，再把苗移至大棚炼苗（图3-3）。

图3-3 罗汉果组培苗

3. 营养杯苗培育

（1）大棚选址构建 温室大棚应背风向阳，排灌良好，以透光性强、保温性好的塑料薄膜或阳光板作覆盖材料，配备喷淋、控温、调湿及遮阳设备和防虫网。

（2）大棚灭菌 大棚炼苗7～10天前密闭用熏蒸剂消毒处理。

（3）苗床的构建 苗床宽1.2m，其间设置工作道。苗床每亩均匀撒施400kg石灰消毒，表面铺一层隔离物如煤渣或板材将营养杯与地面隔离。加温设施管线置于隔离物下。

（4）营养杯的准备 选取疏松、透气、透水、肥效好的泥土，与充分腐熟的有机肥按8：2比例充分拌匀成基质，装入营养杯，相互依靠整齐排放于苗床上，按照

GB 4285的规定，对基质淋施杀菌剂、杀线虫剂。

（5）移栽炼苗前处理　当年10月至翌年1月期间，将组培瓶苗移入大棚，整齐摆放炼苗7～15天。移栽前3天将瓶盖打开，用杀菌剂对小苗喷雾。移栽前1天向瓶苗内淋入适量的洁净水。

（6）移栽炼苗　用70%～90%遮阳网进行大棚遮阴，将前处理好的苗用镊子夹住茎基部取出放入水盆中，洗净根部黏附的培养基，移至营养杯栽种，并淋透定根水，以根不外露、根土密接、植株固定不倒为宜。苗床上用塑料薄膜搭制小拱棚（图3–4）。

图3–4　罗汉果移栽炼苗

（7）大棚育苗管理 ①温度控制：棚内温度宜保持在15～30℃，最低不低于5℃。温度过高过低时启动降温或加温设备，高温时将小拱棚开口通风，小苗长出新芽和新根时，揭去小棚。②湿度控制：棚内空气相对湿度维持在60%～80%，定植后的7天内苗床上的小拱棚保持密闭，基部叶片较干时应进行喷雾，此后逐渐多开口通风或使用抽湿机降低湿度。③光照控制：保持大棚薄膜的清洁，增加透光度。小苗长出新芽和新根前晴天要盖遮阳网，避免阳光直射。小苗长出新芽和新根后揭去大棚遮阳网，延长光照时间。④水肥管理：营养杯土湿度应保持在60%～80%，当杯土干燥时，应及时喷淋水保湿。当小苗长出新芽时，喷施叶面肥；长出1片以上新叶时，分别淋施硼肥、钙肥一次；长出两片和3片以上新叶时，分别淋施硫酸钾复合肥一次。⑤苗期病虫害防治：及时剔除死苗、病株，按照GB 4285《农药安全使用标准》的相关规定，每隔10～20天喷施杀菌剂一次，并根据发生病虫害的状况进行针对性防治。

4. 组培苗质量要求

罗汉果组培苗是指罗汉果组培瓶装（袋装）生根苗经过一定时间培养后，在设施大棚条件下，移栽入装有营养土的营养杯中，经培育而成并检验合格的、可供大田定植的种苗。罗汉果组培苗按要求分为一级、二级、三级3个等级（表3-1）。

表3-1 罗汉果组培苗的要求

项目	指标		
	一级	二级	三级
茎高度（cm）	8～10	5～8	3～5

续表

项目	指标		
	一级	二级	三级
叶片数（张）	6～8	4～5	3
继代数	≤20	≤20	≤20
变异株率（%）	≤2	≤3	≤5
品种纯度（%）	≥98	≥97	≥95
病毒情况	罗汉果花叶病病毒不得检出		

（1）罗汉果花叶病毒病的检测

1）一般规定

所有试剂均为分析纯（AR）。所用的水质量符合GB/T 6682—2008《分析实验室用水规格和试验方法》中二级要求，按规定使用。

2）检测方法

①原理：采用免疫学DAS-ELISA法检测。检测的病毒种类为罗汉果花叶病病毒（WMV-2-Luo）。

②试剂：氯化钠（NaCl）、磷酸二氢钾（KH_2PO_4）、磷酸氢二钾（K_2HPO_4）、氯化钾（KCl）、叠氮化钠（NaN_3）、0.05%吐温20（量取0.05ml吐温20，用重蒸水定容稀释至100ml，混匀）、1mol/L盐酸（HCl：量取8.33ml的37%盐酸，用重蒸水定容稀释至100ml，混匀）、1mol/L氢氧化钠（NaOH：称取4.00g氢氧化钠，用重蒸水溶解定容至100ml，混匀）、碳酸钠（Na_2CO_3）、碳酸氢钠（$NaHCO_3$）、氯化镁（$MgCl_2 \cdot 12H_2O$）、二

乙醇胺、磷酸氢二钠（$Na_2HPO_4 \cdot 12H_2O$）、0.5%亚硫酸钠（Na_2SO_3：称取0.50g亚硫酸钠，用重蒸水溶解定容至100ml，混匀）、罗汉果花叶病病毒单克隆抗体、酸性磷酸酶标记罗汉果花叶病病毒酶标抗体、0.2%牛血清白蛋白（BSA：称取0.20g牛血清白蛋白，用酶标板洗涤缓冲液溶解定容至100ml，混匀）、1mg/ml 4-硝基苯酚磷酸钠（PNPP：称取100mg 4-硝基苯酚磷酸钠，用底物缓冲液溶解定容至100ml，混匀）、3mol/L氢氧化钠（NaOH：称取12.00g氢氧化钠，用重蒸水溶解定容至100ml，混匀）。

③缓冲液的配制：a. 酶标板洗涤缓冲液：称取氯化钠8.00g，磷酸二氢钾0.20g，磷酸氢二钠2.90g，氯化钾0.20g，叠氮化钠0.20g（现配现用），0.05%吐温20溶液0.02ml（现配现用），溶解于995ml重蒸水中，并用1mol/L的盐酸和1mol/L的氢氧化钠调pH值至7.40，用重蒸水定容至1000ml。搅匀。b. 包埋缓冲液：称取碳酸钠1.50g、碳酸氢钠2.93g，溶于995ml重蒸水中，并用1mol/L的盐酸和1mol/L的氢氧化钠调pH值至9.60，用重蒸水定容至1000ml。搅匀。c. 底物缓冲液（现配现用）：称取氯化镁100.00mg，二乙醇胺97.00ml，加800ml重蒸水溶解，并用1mol/L的盐酸和1mol/L的氢氧化钠调pH值至9.60，重蒸水定容至1000ml。搅匀。d. 罗汉果花叶病病毒提取缓冲液：称取磷酸氢二钾27.86g，磷酸二氢钾5.44g，溶于995ml重蒸水中，并用1mol/L的盐酸和1mol/L的氢氧化钠调pH值至7.40，重蒸水定容至1000ml，用时现加0.5%亚硫酸钠溶液。搅匀。

④检测步骤：a. 包埋：将罗汉果花叶病毒的单克隆抗体用包埋缓冲液稀释200倍后，每孔加100μl置37℃水浴2小时或4℃冰箱24小时。b. 洗涤：空干后，用酶标板洗

涤缓冲液洗板3次，每次3～5分钟。c. 加样：将样品按1/4（W/V）比例加提取缓冲液研磨后，每分钟3000转离心5分钟，取上清液每孔加100μl，37℃水浴2小时。d. 洗涤：空干后，用酶标板洗涤缓冲液洗板3次，每次3～5分钟。e. 加酶标抗体：酸性磷酸酶标记罗汉果花叶病病毒酶标抗体用0.2%牛血清白蛋白（现配现用）稀释200倍后，每孔加100μl，37℃水浴2小时。f. 洗涤：空干后，用酶标板洗涤缓冲液洗板3次，每次3～5分钟。g. 显色：每孔加1mg/ml的4-硝基苯酚磷酸钠（现配现用）100μl，30～60分钟后观察显色反应，如呈橘黄色，则为阳性，否则为阴性。h. 终止反应：底物颜色差异显著时，加入3mol/L的NaOH终止反应。i. 测光密度（OD）值：需设立空白、阳性及阴性对照，在酶标仪上测OD_{405}值。样品与阳性对照比值≥2则判断为阳性。以上每个样品2个重复。

3）变异株的鉴别和剔除

①变异株的类型：a. 叶片褪绿、叶脉半透明状。b. 叶片绿色、开展，但部分叶片发育不全，引起叶片扭曲；叶脉短缩不均匀。c. 叶肉肥厚，叶片反卷，褪绿黄化。d. 叶片出现黄白色斑点或缺绿斑点。e. 顶芽变红褐色，生长滞慢，萎缩。f. 腋芽早发，叶片缺刻或呈线状畸形，茎秆木质化。

②变异株的剔除：在育苗期间，随时将变异株全部拔除。

4）其他项目检验

①用标准量具测定茎高、叶片数。②通过观察品种主要特征、特性，确定品种纯度、变异株率和植株病虫害情况。

（2）检验规则

1）同批检验

同一时间，同一地点，取得同一单株的外植体经组培扩大繁殖后，同时段进行生根培养进入大棚培育的组培苗为同批。

2）出厂（圃）检验

①病毒检验：同批出厂（圃）组培苗按0.1%的量随机抽样，由省级有关部门确认的检测单位进行血清反应检测组培苗病毒，检定后出具病毒检测报告（附录一）。

②常规检验：同批出厂（圃）组培苗按0.1%的量随机抽样，由专业技术人员检验罗汉果组培苗的茎高、茎粗、侧根数、叶片数、变异株率、品种纯度和茎叶颜色，并附有出厂（圃）检验记录表（附录二）。

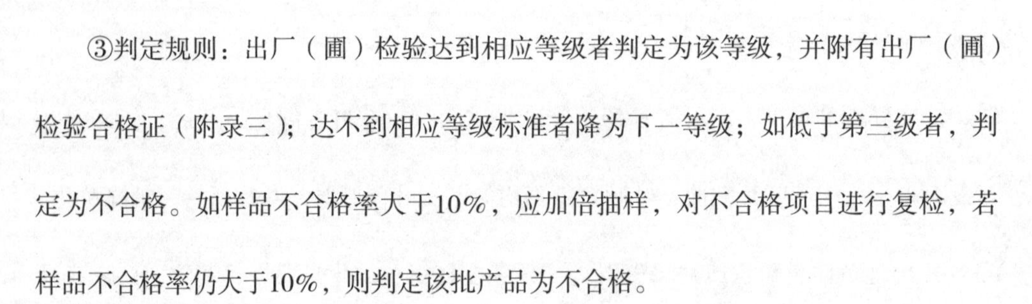

③判定规则：出厂（圃）检验达到相应等级者判定为该等级，并附有出厂（圃）检验合格证（附录三）；达不到相应等级标准者降为下一等级；如低于第三级者，判定为不合格。如样品不合格率大于10%，应加倍抽样，对不合格项目进行复检，若样品不合格率仍大于10%，则判定该批产品为不合格。

（3）包装、标志、运输与贮存

①包装：罗汉果组培苗带营养杯用竹筐包装，每箱只装一层。

②标志：罗汉果组培苗出售时，数量在5000株以上的客户附检定罗汉果组培苗病毒检测报告（附录一）、罗汉果组培苗出厂（圃）检验记录表（附录二）和罗汉果组培苗出厂（圃）检验合格证（附录三）。标志应注明标准号，公司的地址及

联系人联系电话。如一车中装有两个以上品种，应按品种分别包装并做出明显标志。罗汉果组培苗的包装储运图示标志，按GB/T 191《包装储运图示标志》的规定执行。

③运输：罗汉果组培苗包装后，在3天内运输到目的地，运输过程中注意防雨、防寒、防晒、防土散。

④贮存：罗汉果组培苗运至目的地下车后，宜先按筐摆开、浇水、避免曝晒、减少搬动次数。

三、栽培技术

（一）选地整地

1. 选地

罗汉果种植地块的选择应遵循国家《中药材生产质量管理规范（试行）》要求，种植地环境应按照产地适宜性优化原则，因地制宜、合理布局，同时空气、灌溉水和土壤等环境质量应符合国家相应标准。

2. 整地

在上年度秋冬季翻耕地块（30cm），曝晒土壤越冬。当年1～2月整地，将土块打碎，拣除杂物，每亩用100kg生石灰均匀撒施后翻入土中，耙平，起宽140～160cm、高25～30cm的畦，四周开好排水沟。种植前按株行距180cm×250cm挖定植坑，坑的规格为长50cm×宽50cm×深30cm。每坑施入腐熟有机肥7～10kg，磷肥0.25kg，50%

多菌灵可湿性粉剂2～3g，与细土拌匀，回土做成稍高于畦面的龟背状土堆，覆上一层表土，待种。

基肥是保障罗汉果组培苗根系与藤蔓健旺生长，加快主蔓上棚，进而促进植株提早开花结实的主要保证。在实际生产中，罗汉果组培苗基肥常以有机生物肥、禽畜粪、麸肥等为主，优质磷钾肥为辅，从而营造出营养元素全面、有机质含量高、有益微生物多的良好土壤环境，以促进植株健康生长发育。

由于有机农家肥有一个腐熟过程，使用前需要一定的堆沤时间，因此基肥应提前备足，一般在上一年10月以前即着手进行。沤制过程如下：将所需的禽畜粪，加入适量麸肥、磷肥，混合拌匀，淋水润湿，以手握指缝见水为度（如禽畜粪肥湿度过大，应摊晾蒸发水分至适宜程度），而后起堆盖上黑色地膜，边缘用泥土压实堆沤。当粪堆中心温度达到70～80℃时进行翻堆，整个堆沤期翻堆两次，将上层翻为下层，边层翻为内层，直至肥料充分腐熟细碎。未经腐熟的粪便直接施入土壤内，会造成以下危害：①遇水发酵，容易烧根；②微生物发酵消耗氧气，造成土壤缺氧，导致作物死亡；③发酵会产生臭味，招来蝇蛆，危害作物，污染环境；④粪便中含有大量尿酸，未经腐熟转化，接触种苗会抑制种苗生长；⑤没有腐熟的粪便在土壤中发酵容易争夺土壤原有氮素养分，造成土壤微生物环境内瞬时缺氮，影响种苗生长。

3. 搭棚

罗汉果为草质藤本植物，需以棚架引导、支撑其茎蔓生长、扩展。定植前搭好棚架。用杉木、杂木或毛竹作支柱，柱长2.3m、茎粗5～10cm，横竖成行，间距2～3m，入土深50cm，地面留高1.8m；以12号铁线拉直固定于支柱上，边柱用铁线斜拉加固；棚面覆盖15～20cm眼的塑料网，拉紧，并固定于铁线平面上，最终构成供罗汉果藤蔓攀爬的棚面。

（二）定植

清明前后，待土温稳定在15℃以上时，避开强烈阳光和降雨天气，选择暖和的晴天下午和阴天种植。在种植坑土堆中央挖一个比组培苗营养杯稍大同深的定植穴。种植时先将营养杯脱下，再将苗木放入定植穴，覆土压实，浇足定根水。种植完成后，在每株幼苗四周插上4根50cm长的小木棒或竹竿，套上1个40cm×35cm两端不封口的塑料袋，底部用泥土压实。若阴冷雨天，用别针、回形针等将塑料袋上端袋口扎紧，只留1小孔通风透气；若遇高温晴天要及时打开袋口通风透气。当罗汉果苗长至袋高时，即可将套袋取走。

罗汉果植株上棚后侧蔓生长快而多，如果种植过密，藤蔓容易封棚，影响通风透光，授粉成功率低，子房难膨大，造成减产。种植过稀时，没有充分利用棚面空间，单位面积产量低。实践证明，以每亩（667m^2）120～150株的植株密度较为合理，株行距（1.8～2.0）m×2.5m，呈“品”字形分布。

此外，由于罗汉果为雌雄异株植物，种植时雌株、雄株需按100：（3～5）的比例搭配种植。

（三）田间管理

1. 补苗

定植后15～20天进行一次全面检查，若发现死亡缺株，应及时拔除并补苗。

2. 水分管理

罗汉果喜湿润环境，整个生长期需水量大，抗旱、耐涝能力差。因此，遇旱要注意浇（灌）水，宜在早上或傍晚进行；雨后及时排涝，避免积水而引发烂根死苗。忌持久干旱或长期积水，保持土壤相对湿度70%左右。

3. 中耕除草

春夏季雨水较多，雨后结合除草，进行浅耕2～3次，保持土壤疏松，增强透气性；秋季天气较干旱，中耕1～2次，减少水分蒸发，增加保水能力。除草要小心，勿锄断茎蔓，中耕宜浅，以免伤根。保持土壤疏松，畦内无杂草。

4. 追肥

结合中耕除草，及时追肥，以腐熟有机肥为主，适当补充磷、钾肥和复合肥。整个生育期一般需追肥5～6次：①提苗肥于苗高30cm时每隔10天施1次，共施2～3次，每株淋施腐熟的有机肥水0.5～1kg；②壮苗肥于主蔓上棚时施，距根部30cm处开半环状浅沟，每株施腐熟有机肥2.5kg加磷钾肥100～150g；③促花保果肥于现蕾期施，距根部40～50cm处开半环状浅沟，每株施有机肥2.5kg加复合肥200～250g；④壮果肥于盛果期施，距根部50～60cm处开与畦平行的双条沟，每株施腐熟有机肥5kg加高钾复合肥400～500g。施肥时，注意避免肥料接触根部，施后覆土压实。若施肥后持续干旱，应及时浇水，促进罗汉果对肥料的吸收。

5. 整形修剪

苗高25cm后，在根旁竖一根高达棚面的小竹竿引蔓上棚，每隔2～3天，用绳子按“∞”形将伸长的主蔓固定在竹竿上，促使其顺竿向上生长。主蔓上棚前，所萌侧蔓及时抹除；主蔓上棚后并在棚面长到5～6节时打顶，以利各节位侧芽迅速萌发形成一级侧蔓；一级侧蔓同样在5～6节时打顶，促发二级侧蔓；当二级侧蔓长至6～10节还未现蕾时，继续打顶，促发三级侧蔓（结果蔓）（图3–5）。

图3–5　罗汉果整形修剪

6. 点花授粉

罗汉果是雌雄异株植物，雄花花粉黏重、味苦，风力和昆虫很难传播花粉，只有靠人工授粉才能保证产量。在清晨5～9点采摘发育良好含苞待放或微开的雄花，放置阴凉处。待雌花开放时，将雄花花瓣压至果柄处，使雄蕊露出，将侧面花粉密集处对准雌花柱头轻轻触碰即成。授粉最好在上午11点前完成，因为此时雄花散粉最为旺盛，雌花柱头黏着力强，因而结实率高（图3–6）。

图3-6　罗汉果点花授粉

7. 疏花疏果

为协调产量与品质的关系以获得最大的经济效益，一般单株挂果量以80～120个为宜。当单株授粉达100～140朵花时，将其后面的藤蔓连同花蕾一起剪除，以集中营养供应果实的生长。授粉约1周后，将子房不彭大、有病虫、畸形的果摘除（图3-7）。

（四）病虫害防治

罗汉果主要病虫害有线虫病、病毒病、青枯病和南瓜实蝇等。

1. 根结线虫病

罗汉果是容易高度感染根结线虫的一种作物，因此凡植株入土的部分，均会受

图3–7　罗汉果疏花疏果

到严重危害。主要症状是被害处膨大形成瘤状凸起，即虫瘿。根部受害先从根尖开始，在线虫侵入点球状或棒状膨大后，逐渐增大而形成虫瘿。由于根的生长，线虫反复侵染，多个虫瘿汇聚一起，使根呈结节状膨大。薯块被害，表面呈瘤状凸起，大者如鸡蛋，小者如指或豆。这是由于线虫幼虫侵入后分泌毒液，促使寄主细胞加速分裂和增大，以致被害部分畸形膨大（图3–8）。

根结线虫给植株带来的损失是多方面的。首先虫瘿的形成影响了根系的正常生理活动，阻碍了水分和养分的流通，使植株表现出缺水或缺肥状态，在干旱的情况下，这一状态表现更为明显。其次，由于线虫取食，造成植株根系损伤，使一些根缩短和丧失养分。此外，因线虫为害，为土壤中一些病原微生物如细菌或真菌等的入侵创造了条件，造成并发其他病害。

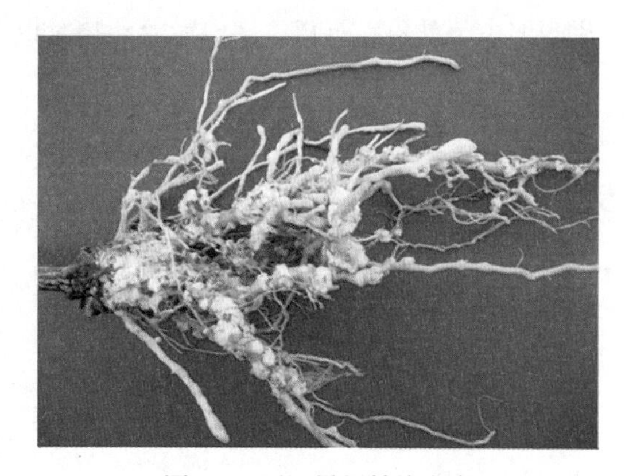

图3–8　罗汉果根结线虫病

因此，有线虫的植株，一般生长受到抑制，分枝少，叶片失绿或产生黄绿色斑，并自下而上逐渐枯黄而掉落；植株推迟开花结果，结果少而小，甚至根本不开花结果；达到一定程度后，主根腐烂，整株枯死。

防治方法主要有农业措施、药剂防治和生物防治。

（1）农业措施　①繁殖无病种苗：选用无病、健壮的优良植株作为母株，采用离土压蔓法或茎尖脱毒组织培养法进行无病苗的繁育，建立无病苗圃。②合理整地、翻垦：新垦罗汉果地，应避开前茬为瓜、豆、菜等寄主植物的熟地，而选用排水良好的荒地，同时要提早开垦翻地，垦后反复数次犁耙翻晒土壤，以利用夏日的阳光，使土壤内原有的线虫因曝晒、干燥而致死。③加强田间管理：保持种植园地排水沟畅通，调节土壤湿度，控制线虫发生、蔓延；增施有机肥，提高土壤有机质含量，

促进非植物寄生线虫种群的增长，增强其对植株寄生线虫生态位的竞争；增施磷钾肥，增强植株抵抗力；注意园内卫生，及时清除病株，集中烧毁。

（2）药剂防治　为防治土壤中的罗汉果根结线虫，长期以来试用了大量药剂，结果表明：茶麸粉、石灰、漂白粉等药物对根结线虫发生较轻的地块有一定的防治效果，但对于重病区则效果不佳；氯化苦、呋喃丹、益舒宝、二溴氯丙烷等防治效果较好，但毒性大、残留期较长，在药材规范化生产和食品无公害生产标准中，已明确禁止使用；当前应用较多、效果较为理想的药剂为米乐尔，每亩用药量2～2.5kg，先与细土混合拌匀，然后坑施或沟施，每年于春季罗汉果发芽前和夏季根结线虫侵染高峰期分2次施用。

（3）生物防治　周广泉等人采用真菌中烛台霉属（*Candelabrella* sp.）菌株，通过提纯与筛选，发明出可在农业生产上应用的微生物菌剂——多效菌。该菌剂以防治罗汉果等植物根系的寄生性线虫为对象，对种子繁殖的寄主，综合防治效果大于70%，对营养繁殖的寄主，综合防治效要达60%，持效期为一年。使用方法为：施用该菌剂前一个月，按每亩用量4～5kg，加入与菌种等体积的腐熟有机肥，拌匀，上盖塑料薄膜，沤制，用时把混有菌种的有机肥沟施在罗汉果根部周围即可。

2. 花叶病毒（疱叶丛枝）病

虫传的疱叶丛枝病初期症状是嫩叶首先发病，呈脉间褪绿，随后新叶表现畸形，症状多样化，缺刻或线形，叶脉缩短不均，故叶肉隆起呈疱状，叶片变厚粗硬，褪绿呈斑状，最终黄化；在叶片呈现症状的同时，休眠腋芽早发而成丛枝，叶序混乱。叶擦伤侵染和嫁接侵染的病株，新长病叶初期症状就是疱叶和畸形叶；黄化的老龄病叶，叶脉仍呈绿色，形似一绿色鸡爪嵌镶在黄化的叶片上（图3-9）。

图3-9　罗汉果花叶病毒病

防治方法主要有农业措施、物理防治和化学防治。

（1）农业措施　选育抗病品种，提高品种自身抵抗能力；加强病毒检测力度，确保出圃种苗严格脱毒；选择适宜环境条件，远离病害重发区；加强肥水管理，培养健壮植株；规范生产操作，避免人为传播病原，增强对病毒病的抗性。

（2）物理防治　引入杀虫灯、粘虫黄板、果蝇诱捕器等物理防治方式。罗汉果上棚时在园中悬挂杀虫灯诱杀害虫，或在园中和四周悬挂粘虫黄板（每亩15～20块）和果蝇诱捕器，进行诱杀蚜虫和果蝇，减少传毒虫源基数。

（3）化学防治　休眠期全园杀菌消毒是化学防治全年病害的关键。经过多年的实践证明，在果园休眠期使用甲基硫菌灵600倍稀释液加1.5%植病灵800倍稀释液消毒，对预防病毒效果十分明显。防治病毒病关键在7～9月，以控制棉蚜传播为主，在发病初期叶面喷施病毒必克1500倍稀释液加10%吡虫啉可湿性粉剂2500倍稀释液加叶面肥喷施，每隔7天喷1次，连喷4～5次，防治效果可达80%。此外，经过试验观察，病毒必克、叶常青反病毒型、抗病毒型SO-施特灵、病毒A、病毒K、氯溴异氰尿酸等加硫酸锌加复硝酚钠对罗汉果花叶病毒病的防治有一定的效果，其中以病毒必克、叶常青反病毒型、抗病毒型SO-施特灵加硫酸锌加复硝酚钠对罗汉果花叶病毒病的防治效果比较显著。

3. 青枯病

罗汉果青枯病是在罗汉果组培苗推广应用，并在平地、水田大面积种植之后出现的一种新病害，其危害程度呈逐年上升之趋势。发病初期，藤蔓梢部幼嫩叶片首先表现失水萎蔫，叶色暗淡，但仍呈绿色；最后茎蔓枯萎。纵剖病株的茎蔓和块茎，可见维管束呈黄褐色枯死状，质地较硬。轻压茎蔓部，切口有污白色菌脓溢出。在高温天气（气温达30℃以上），染病3～5天后开始枯死（图3-10）。防治措施主要有以下几点。

图3-10 罗汉果青枯病

（1）选择山地及红壤土植株罗汉果。目前，罗汉果青枯病在山地发生较少，仅为零星发生，而在平地则发生较多，且有加重危害的趋势。不同的土壤发病的情况不同，砂质土比红壤土发病重，特别是熟地种植罗汉果，青枯病发病严重。因此，应选择山地及红壤土种植罗汉果，以减少青枯病的发生。

（2）避免与寄主植物套种或间作。茄科青枯病菌的寄主植物有28科200多种。调查发现，凡是与茄科植物如茄子、辣椒套种或间作的罗汉果地，青枯病的发生都较严重。因此，罗汉果种植地应避免与茄科青枯病菌寄主植物，特别是茄子、辣椒等茄科植物套种或间作。

（3）经常观察植株基部主茎，如果晴天上午10点前出现主茎潮湿现象，即可能是感病前兆，必须及时用药灌根。

（4）6～8月扒开表土，露出根部，再用抗生素类药剂如广枯灵等交替使用，全面喷施叶面和灌根预防。

（5）感病死亡的植株应及时挖出集中烧毁，并在坑中及其周围撒上石灰对土壤进行消毒。

4. 南瓜实蝇

罗汉果挂果后，即受到南瓜实蝇为害。南瓜实蝇成虫多集中于午前羽化，以8～10点羽化最多，雌雄比接近1：1（单雌蝇稍多），成虫羽化后历经一段产卵前期，其长短随季节而有显著差异，夏季15～20天，冬季则需3～4个月。在晴天气温较高时，成虫活动频繁，于午后或黄昏交尾，雌蝇在上午8点至日落前都能产卵，每雌产卵量100～400粒，产卵时雌蝇用产卵管刺入罗汉果果皮内，形成产卵孔，每孔几粒至十几粒不等。卵在罗汉果内孵化成幼虫，每个果内有幼虫几头至120多头，幼虫主要取食罗汉果瓤，破坏其组织。受害果实发黄、腐烂，但果实外表损坏不大，后期果柄处产生离层，提前脱落，幼虫即随果落地，数日后老熟幼虫穿出果皮进入土壤，入土深度3cm左右，也有少数幼虫在果内化蛹（图3-11）。

图3-11　罗汉果南瓜实蝇

（1）瓜实蝇性信息素在防治南瓜果实蝇中的应用

①药品配方：a. 性信息素20mg加敌百虫500倍稀释液3ml浸湿棉球；b.性信息素20mg加蛋白胨0.5g加敌百虫500倍稀释液3ml浸湿棉球；c. 蛋白胨1g加敌百虫500倍稀释液3ml浸湿棉球；d. 性信息素20mg加敌敌畏600倍稀释液3ml浸湿棉球；e. 红糖：醋：敌百虫：水按1：1：1：500比例配制3ml浸湿棉球。

②施用方法：用小橡皮胶塞为载体作诱芯，每个诱芯含性信息素20mg。用直径10cm、长15cm的铁皮奶粉罐，两头各钻直径2cm的孔一个，制成诱捕器。把诱芯和其他供试药品（用棉球沾上或浸湿）分别用细铁丝吊挂在诱捕器内，距离相隔1cm；在离地面1.5m高的果棚下，每隔10m挂放1个诱捕器。在7～11月诱杀试验期间，诱芯不更换，间隔7天左右棉球将干时，及时添加药液。

③防治效果：五种配方处理对南瓜果实蝇都有一定的诱杀效果，但其中以配方b（性信息素加蛋白胨加敌百虫）诱杀效果最佳。加蛋白胨的处理，可以直接诱杀雌成虫，减少雌成虫直接产卵于幼果上为害；而其余处理则只能诱杀雄成虫，从而减少雌、雄成虫交配机会及产卵数，达到防治的目的。

大田试验结果表明，诱杀试验区被害果数和果实被害率均比对照区明显降低，防治效果达68.0%～76.4%。

（2）其他防治方法

①加强植物检疫工作：南瓜实蝇是我国的外检对象。调运罗汉果和苗木时必须经植检部门严格检疫，如发现害虫，须经有效处理后方可调运。凡带有南瓜实蝇的果实或受害苗木，一律不准输出或输入，以防止蔓延扩展到新区造成危害。

②农业防治：严禁在罗汉果园边或棚下种植瓜果类作物，杜绝中间寄主。虫果出现期，及时摘除虫果；落果盛期，每3～5天拾毁落果1次，采用水浸、深埋、焚烧等方法处理。冬季应全面翻耕园内土壤，以利消灭越冬蛹或老熟幼虫。

③用毒饵诱杀成虫：用香蕉或菠萝皮40份，90%敌百虫0.5份，香精1份，加水

调成糊状，制成毒饵，直接涂在果棚篱竹上或装入容器挂于棚下，每亩布设20个点，每点25g，能诱杀成虫。

④药剂防治：在成虫盛发期，选在中午或傍晚施药防治。可用灭杀毙6000倍稀释液，或80%敌敌畏乳油1000倍稀释液，或2.5%溴氰菊酯3000倍稀释液喷雾。因成虫出现期长，需3～5天喷1次，连喷2～3次，防治效果显著。

四、采收与产地加工

罗汉果的采收与加工是丰产丰收、提升质量的重要环节。采收与加工不当，常出现嫩果、苦果、花果、响果和焦果现象，造成严重的经济损失。

1. 采收

罗汉果果实成熟早晚因品种和气候条件不同而不同，一般在点花授粉后75～85天成熟。采收必须在果柄变为黄褐色、果皮转呈淡黄色、果实较富于弹性时进行。尚未充分成熟的嫩果加工质量差，多响果和苦果。为了保证果品质量，授粉晚（8～9月）的罗汉果由于光照不足和气温低导致果柄转黄慢，至少在授粉后80天以上方可采收，以使苷ⅡE和苷Ⅲ充分转化为苷V。选择晴天或阴天采收，用剪刀平行于果蒂处将果实剪下，把花柱与果柄剪平，轻拿轻放，避免捏破、刮伤、碰伤、压伤。如果果实内部受到压伤，尽管看起来外壳并不破裂，但是在放置后熟过程中，往往在果实内部发霉变黑显出斑块。搬运时亦要小心，不要堆放过多，果实不能受压。如果用机动车辆运输，要用纸屑、麻袋、稻草之类软材料垫好箩筐、木箱等装运器具，行车时车速要均匀徐缓，道路不平时更要小心行驶（图3–12）。

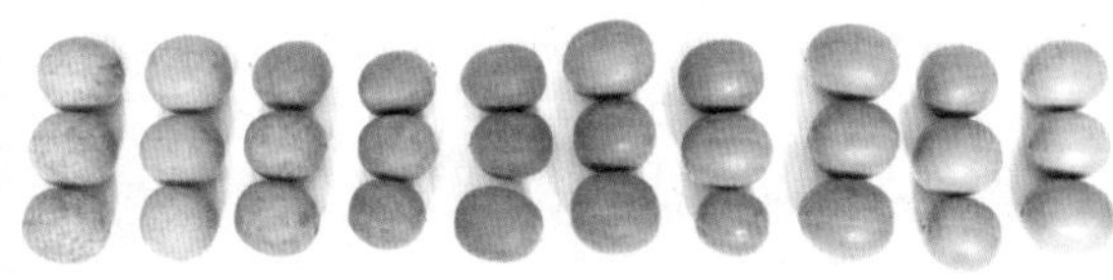

图3–12　罗汉果果实

2. 加工

刚采回的鲜果，含水量高，糖分尚未完全转化，如立即烘烤加工，不仅增加烘烤时间和燃料消耗，而且容易出现爆果和甜度低的现象。因此，须将采回的鲜果，摊放在竹垫等阴凉通风处3～5天，让其自然后熟，期间每天翻动果实1次，以使果实水分均匀蒸发，促进果实糖分转化。当果皮大部分转为淡黄色时，即可加工。

把经过后熟的鲜罗汉果，按大、中、小等级，分别装入烘果箱中，装好箱后，放入烘烤炉内，关好炉门和排气囱。然后开始烧火加热，先用小火慢慢升温，使温度升到50～55℃，维持一段时间（8～12小时），使果实内与果实外的温度达到一致，以免果内和果外的温差过大引起果实破裂。然后逐渐使温度升到70℃左右，最高不得超过75℃。这时，水分大量蒸发，打开气囱，排出水汽，2～3天后，蒸发出的水汽明显减少，果实重量显著减轻。此时，烘烤温度要逐渐下降，降到60～70℃，越接近干燥，温度越要降低。罗汉果烘干后，不要马上出炉，待放置冷却后再出炉。高温出炉，容易引起果实凹陷破裂，造成损失。

烘烤时要求慢火细烤，使温度均匀地逐渐上升，切忌大火猛烧。到达所需温度后，更要控制好加柴量，使之尽可能维持在所需的温度范围内。在烘烤小室下面的铁板上铺一层沙子，也是供作缓冲之用，使温度匀和，减少忽高忽低现象的出现。

温度计应插在接近热源的最下一层的烤箱处，要经常观察温度变化，特别在加入新的木柴，火势加大的时候要仔细观察温度升高的情况。

要做好换箱翻果工作，使其受热均匀，以防出现“响果”“焦果”或“爆果”。目前普遍使用的烘烤炉，都是单面加热，炉体保温性能也比较差，所以上、中、下层之间，果箱四周和果箱中心之间，一个果实的上面和下面之间，受热的情况不一样，因此需要换箱、换位、翻果，把上、中、下层的果箱进行互换，把果箱边缘的果和果箱中心的果进行调换，对每个果进行上下翻动，使其受热均匀。烘烤的第一天可以不换箱翻果，以后每天换箱翻果1～2次。

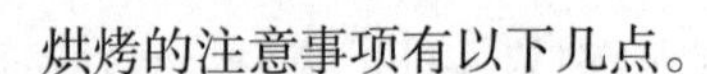

烘烤的注意事项有以下几点。

（1）温度控制　从烘干速度，干罗汉果的颜色、香味、糖分和维生素C含量等方面综合起来看，烘烤罗汉果的温度应控制在70℃左右，最高不超过75℃。用木柴烘烤，温度比较不好控制，容易出现忽高忽低或温度过高现象，除在铁板上铺一层砂子外，还要求烘烤时要专人负责看管，勤观察温度变化，技术增减木柴，控制好火势。

（2）持续烘烤　罗汉果上烘后，要连续进行烘烤直至干燥。那种时烘时停，外出一把火，回来重起火，或白天烧火夜晚停烘的做法都不利于提高罗汉果的质量。

（3）必须采收成熟的果实　嫩果不管怎样烘烤，都是苦味，而且烘烤时容易出现皱缩、塌陷、破裂等现象，使好果率降低，造成损失。

五、包装、贮藏与运输

罗汉果烘干后放置一天，令其热度与常温一致后，放入内衬白色聚乙烯薄膜的木箱内，把薄膜封严后钉紧木箱盖。薄膜质量要求符合GB 9687—1988《食品包装用聚乙烯成型品卫生标准》。出口包装依法用厚纸箱包装。礼品包装盒，在盒内加放小包干燥剂后，用聚乙烯薄膜或玻璃纸密封。无论何种包装应标明规格、产地、采收日期、经销单位，并附有质量合格的标志。

罗汉果烘干后放置1天，待其温度与室温一致后，轻放入内衬有白色聚乙烯薄膜的编织袋中，存放于清洁、阴凉、干燥通风、无异味的专用仓库中，注意防虫蛀、防鼠咬，四周应多放置干燥剂（如生石灰），一般6个月抽样检查1次，如有回潮现象，要及时低温（30～40℃）重烘，重新包装。有条件的地方可进行密封抽氧充氮保存。

罗汉果批量运输时，不能与其他有毒、有害、易挥发性的物质混装。运输工具必须清洁、干燥、无异味、无污染，具有较好的通气性，以保持干燥，并有防晒、防潮等措施。装卸过程中注意轻拿轻放，厚纸箱包装切忌多层重压。

第4章

罗汉果特色适宜技术

一、罗汉果间（套）种技术

在罗汉果地里进行间（套）种，有利于保护罗汉果根系，改善土壤环境，促进生长，且能提高经济效益。目前，罗汉果种植密度一般为每亩种植100～130株，棚下土地没有利用；更重要的是，南方多雨，种植地里容易滋生杂草，而且罗汉果的根系浅而多，人工铲草则伤根、断根，抑制水分和营养的吸收，且会导致根部感染疾病而死亡；费时费工。化学除草，常因药剂扩散或残留而抑制罗汉果的生长。再有，罗汉果虽然是宿根植物，但在生产上，使用的种苗为组培苗和扦插苗，为避免或减轻根结线虫和病毒病的为害，造成减产，采用年年换种苗的方法进行重新种植。从3月下旬至11月中旬采收完毕，生长期约230天。也给在罗汉果种植地里进行间（套）种提供时间充裕。鉴于以上种种理由，在罗汉果地里，选择适宜的作物与之间（套）种，将能充分利用土地资源和光资源，提高经济收益。不同的作物与罗汉果进行间（套）种，其投入、收入和操作技术均不一样，现介绍几种适宜与罗汉果间（套）种的种植技术（模式），供种植户选择。

（一）罗汉果套种广金钱草

广金钱草［*Desmodium styracifolium*（Osb.）Meer.］为豆科山蚂蟥属多年生半灌木状草本植物，又名落地金钱、铜钱草、假花生、马蹄香。以不带根的地上部分入药，味甘，性凉，有清热解毒、利尿、排石的功效。用于治疗泌尿系统感染、泌尿系统结石、胆结石症、急性黄疸肝炎等。是畅销中成药消石饮、消石片和金钱草冲剂的主要原料。是主产于广西的大宗、畅销药材。

有研究表明：罗汉果间种广金钱草药材，对罗汉果生长有明显的促进作用，不仅能提高罗汉果产量，而且还能收获较高产量的广金钱草，提高总体经济收入。适合广西境内生产种植。技术要点如下。

1. 广金钱草育苗

于2月中下旬，在保温的育苗棚中，播种育苗。播种前，种子要预先进行破种皮和浸种处理。可用沙河与种子按1∶1比例混合，置于布袋中，包紧、搓擦30分钟，然后用45℃的热水浸泡4～6小时。捞出，稍晾，再与3倍的干细沙混合，一并撒于已整理好的、湿润的苗床上，覆细土或泥炭土，以盖过种子为度。保温保湿培养。

2. 种植

在4月上旬，当苗高10～15cm时，移栽于已整理好的罗汉果种植地中，种植株行距为（25～30）cm×30cm。在距离罗汉果穴80～100m以内不种。种后淋足定根水。

3. 田间管理

种植后每30天，用浓度为0.3%的高氮、钾水冲复合肥水溶液浇淋1～2次。如有杂草及时清除。当蔓长60～80cm时，即可进行采收。采收时，距离地面约10cm处割下。在第一次采收后新芽萌发时，正值罗汉果开花结果期，每亩可用30kg总含量45%的复合肥撒施1～2次。保持土壤湿润。广金钱草一年可采收2～3次。罗汉果的种植和田间管理同常规操作。

4. 药材初加工

每次采收回来的广金钱草去除杂质和须根，置于通风处阴干。不宜暴晒，以免叶片脱落。

5. 越冬管理

广金钱草种植一次可连续采收2年，12月用稻草或泥炭土将基部覆盖，以免霜冻为害。至来年春，用0.3%的尿素浇淋进行催苗。

（二）罗汉果套种鱼腥草

鱼腥草（*Houttuynia cordata* Thunb.）为三白草科植物蕺菜的干燥地上部分，是《中国药典》收录的中药，味辛，性寒凉，归肺经。能清热解毒、消肿疗疮、利尿除湿、清热止痢、健胃消食，用治实热、热毒、湿邪、热疾为患的肺痈、疮疡肿毒、痔疮便血、脾胃积热等。现代药理实验表明，鱼腥草具有抗菌、抗病毒、提高机体免疫力、利尿等作用。为大宗药材。除了中药配伍使用外，还是生产鱼腥草口服液、鱼腥草饮料等主要原料。其根作为一种独特的保健蔬菜已上百姓的餐桌，产品较为畅销。另外，鱼腥草全草广泛用于兽药方面的开发，用量也较大。罗汉果间种鱼腥草，对罗汉果生长有促进作用，不但能提高罗汉果产量，而且能提高总体经济收入。适合广西境内生产种植。种植技术要点如下。

1. 鱼腥草育苗

于11月至来年1月，在保温的育苗棚中，将鱼腥草根或茎秆，剪成段长2～3cm。插于疏松的苗床上，保湿保温培养。

2. 种植

在3月下旬至4月上旬，苗高8～10cm时，移栽于已整理好的罗汉果种植地中，种植株行距为10cm×20cm。在距离罗汉果穴80～100cm以内不种。间种后淋水。

3. 田间管理

种植后每30天，用浓度为0.3%的高氮、钾的水冲复合肥水溶液浇淋1～2次。如有杂草及时清除。当株高50～60cm时，即可进行采收。在第一次采收时，距离地面8～10cm处割下。采收后4~6天，在茎节上萌发新芽，此时正值罗汉果开花结果期，每亩可用30kg总含量45%的复合肥撒施1～2次。鱼腥草一年可采收茎叶2～3次；在11月待罗汉果采收完毕后，再将鱼腥草根部挖出，采收。罗汉果的种植和田间管理同常规操作。

4. 药材初加工

将采收回来的鱼腥草去除杂质，置于通风处阴干。挖出的根部洗净后鲜用，也可阴干作药用。

（三）罗汉果套种绞股蓝

绞股蓝为葫芦科绞股蓝属多年生草质藤木植物，又名天堂草、福音草、超人参、公罗锅底、遍地生根、七叶胆、五叶参、七叶参等，日本称之甘蔓茶。绞股蓝喜阴湿温和的气候，多野生在林下、小溪边等荫蔽处。近年来的研究发现它含有50多种皂苷，其中含绞股苷Ⅲ、Ⅳ、Ⅻ、Ⅷ，并含有与人参皂苷Rb_1、Rb_3、Rd_0及F_2相似的结构物质，具有类似人参的功效，其酸水解产物与人参皂苷的酸水解产物人参二醇具有相同的理化性质。绞股蓝具有降血压、降血糖、抗肿瘤、提高机体免疫力的功能。深受广大群众的喜爱，产品也畅销全国、日本和东南亚国家。

秦永德等研究表明：罗汉果套种绞股蓝能合理地利用土地和光温资源、减少病虫草害、减少生产成本，经济效益显著增加。适合广西境内生产种植。其技术要点如下。

1. 整地

于冬季11月整地。在已种植过的罗汉果地块上，每亩用50kg生石灰均匀撒施，并将生石灰翻入土中。耙碎耙匀，晾晒。起畦面宽200～250cm，畦高35～40cm，沟宽50cm。四周开好排水沟。畦面分左右两边，罗汉果和绞股蓝分边种植。

2. 基肥

先按罗汉果种植规格，挖取种植坑。放入需要的有机肥和氮磷钾复合肥等肥料，与泥土充分拌匀，盘成稍高于畦面的土堆，待种。绞股蓝在种植前10～15天，按条距40cm，挖深15～20cm的种植槽，每亩施2000kg充分腐熟有机肥，与泥土充分拌匀，整成稍高于畦面的条，上面铺上一层细土，待种。

3. 绞股蓝种植

在当年的12月，选择晴天进行。种植规格为行距40cm，株距10cm。将绞股蓝茎剪成30cm长的段，将下端埋入土中，留出1～2节，压实，淋定根水。在绞股蓝成活后，如上一年已种植过罗汉果的，则在晴天，将棚上罗汉果的枯蔓清除，减少病虫害的发生。罗汉果的种植和田间管理同常规操作。

4. 田间管理

当绞股蓝新生长的主茎长至40～50cm时，进行打顶，促进侧枝生长，以增加产量。于6～7月，第一次采收绞股蓝茎蔓。采收后，可以淋施浓度0.3%～0.5%尿素水溶液，促进新芽萌发。9～10月，可进行第二次采收。

5. 药材初加工

打顶摘下的绞股蓝可用于制茶。采收的绞股蓝阴干处理即可。

6. 越冬管理

绞股蓝种植一次可连续采收2年。在入冬后，应将绞股蓝的藤蔓离地面约5cm处剪去，用锄头培土，盖好根部；可以用草进行覆盖。

（四）罗汉果套种生姜技术

生姜（*Zingiber oflicinale* Rosc.）为姜科作物，是日常使用的调味品，也是一种中药材。用量大，易种植。生姜起源于热带雨林地区，喜温而不耐强光，光补偿点较低，故生产上多在苗期进行遮光栽培。试验证实，罗汉果套种生姜一方面能促进罗汉果的生长，另方面能提高生姜产量，提高总体经济效益。具体的技术要点如下。

1. 田园选择

选择质地疏松的壤土或砂质壤土的田园作种植地。

2. 基肥

在整地时，于将种植生姜的空地里，每亩施入腐熟有机肥1000kg，耙匀。罗汉果的种植按常规进行。

3. 姜种选择和处理

选择抗病性好、丰产、个头饱满的生姜作种源，播种前，晒种2天，并用姜瘟散或生姜宝200倍浸种10分钟，稍晾，即可种植。

4. 种植

3月中旬，于罗汉果移栽前20天进行种植。种植时，先将姜种掰成每个重40～60g的姜块，每块姜块要保留1个健壮的芽，按株行距20cm×50cm的规格进行种植。芽向上，覆盖泥土。再用复方姜瘟散200倍水溶液浇淋，以淋湿姜种周围的土壤为度。

5. 施肥

4月下旬，姜种出芽后，施3%～5%的沼气液，1～2次；6月中旬，每亩施复合肥50kg；7月下旬至8月上旬，每亩施硫酸钾肥30kg。

6. 田间管理

保持土壤湿润，雨季要及时排水。分次培土2～3次，以姜不露出表面为宜。

7. 适时采收

10月下旬至11月上旬进行采收。

（五）砂糖桔与罗汉果立体套种技术

砂糖桔为芸香科柑橘属植物，以果实味甜如砂糖而得名，是目前市面较为畅销的水果品种之一。种植第3年开始结果，盛产期鲜果产量可达5000kg，多年来每千克的销售价格均维持在4～8元，经济效益较好。张宇等研究表明，采取砂糖桔套种罗汉果的栽培模式，不但充分利用了土地，解决了山区发展罗汉果破坏森林资源的矛盾，而且也解决砂糖桔种植前1～2年只投资，无收入的难题，是一项适应生态农业发展的高效种植新技术。适宜于广西境内生产。套种技术要点如下。

1. 园地选择

选择土壤微酸性、质地为壤土或砂壤土、排水性良好、较肥沃缓坡地及水田为宜。

2. 整地

按行距3m整畦，在畦中线按株距2m挖穴，穴长宽深50cm×50cm×50cm，每穴放入有机肥3～5kg、钙镁磷肥400g，拌土回填穴至比畦面高15cm。先种植砂糖桔。

3. 砂糖桔品种选择

选择优良的、无病的四会砂糖桔。其特点是营养生长期耐阴性好、丰产性好，种植后第3年开始挂果，5～10年为丰产期，每公顷年产量可达75吨、产值45万元以上，其结果年限长达15年。

4. 适时种植

春季种植砂糖桔宜在2～3月进行，秋季种植在10月至11月中旬为最佳。种植规格为株行距2m×3m。选择阴天或晴天下午种植。

5. 整形与修剪

砂糖桔树整形修剪很重要，直接影响到果树的产量。方法为：①苗期定主枝，通过修剪让树主干生长与地面保持垂直，在第一年春梢萌芽时，选择在树干上部生长的、向外倾斜45°、相互错开的3个壮芽留作主枝，如果枝条分布不均匀，可以采取拉枝措施定型。②苗期放梢修剪，剪除骑马枝、徒长枝、交叉枝、多丛枝。③挂果树冬季修剪，在采果后至春芽萌动前，从枝条基部疏剪病虫枝、枯枝、衰弱枝、交叉枝。④夏季修剪，在放秋梢前15天，修剪徒长枝、下垂枝、内膛枝、衰弱枝、丛生枝，促发健壮秋梢。

6. 施肥

（1）幼龄树重点施好芽前肥及壮梢肥。①芽前肥：在3～4月，每次放梢前10～15天进行，每株按树龄施45%硫酸钾复合肥15～25g、尿素20～30g，遇干旱可淋施0.5%尿素溶液进行根外追肥。②壮梢肥：在新梢展叶时施用，每株施45%硫酸钾复合肥60～80g，配合叶面肥喷施1次。冬季施肥在11月中旬至12月中旬进行，每株沟施45%硫酸钾复合肥50g、腐熟农家肥8kg、14%钙镁磷肥250g。

（2）挂果树施足基肥，按照挂果树树龄在每年1月上旬至2月中旬，每株沟施腐熟农家肥10～15kg、钙镁磷肥2kg、45%复合肥0.5～1.5kg、石灰0.5～1.0kg。适时追肥，挂果砂糖桔全年追肥4次。①春芽肥：施肥以速效氮肥为主，在萌芽前15天施用，每株沟施45%硫酸钾复合肥0.3kg、尿素0.2kg。②谢花肥：在落花后期每株沟施45%硫酸钾复合肥0.3kg、尿素0.2kg。③壮果促梢肥：在放秋梢前15天每株沟施45%硫酸钾复合肥0.5～1.0kg、麸肥1kg。④采果肥：采果后每株沟施尿素0.2～0.3kg、45%硫酸钾复合肥0.2～0.3kg。巧用叶面追肥，重点用于花前和幼果期，花前喷施高美施600倍液加0.1%硼肥1次，能有效地促进花芽分化；3月至4月中旬现蕾至开花喷施高美施600倍液2次，能有效减少落花落果；5月中旬后幼果期喷施绿旺1200倍液2次，能有效减少砂糖桔缺素症状。

7. 排灌

砂糖桔的种植和生长过程中，应遵循春季保湿、夏季注意排水、秋冬适当灌水的管理原则，以满足植株生长发育。

8. 主要病虫害防治

（1）炭疽病　危害枝梢、叶片及果实。防治措施：避免偏施氮肥，适当增施钾肥，提高抗病能力；其次是清洁果园减少病源；发病初期，可用咪酰胺类杀菌剂1500倍液或50%多菌灵可湿粉剂800～1000倍液喷雾。

（2）木虱　是传播柑橘黄龙病主要媒介之一，7～8月为高发期，危害夏梢和秋梢，防治木虱是杜绝黄龙病的重要途径之一。防治方法：在嫩芽长0.3cm时，可用4.5%高效氯氰菊酯乳油1000倍液或20%哒虱威乳油1000倍液喷药2次，每次间隔期7天。

（3）红蜘蛛　危害叶片、果实。多发生于4～5月和8～10月，在每叶有虫3头以上时，需要喷药防治，使用药剂有15%哒螨灵乳油3500倍液或2%阿维菌素乳油2500倍液，连喷2次，每次间隔7天。

（4）潜叶蛾　危害嫩梢。在5月中旬至8月下旬发生。防治方法：夏季适当抹除嫩芽，有一定防治效果。在嫩芽长至0.2cm时开始喷药，可用2.5%功夫乳油3500倍液或20%锈潜净2000倍液，连喷2次，每次间隔7天。

9. 适时采收

于12月上旬开始分批采收。采收时离果蒂2cm左右处剪下，每果留2片以上绿叶为宜，放置于阴凉处，待运输。

10. 套种中罗汉果的种植

（1）种植方法　在砂糖桔种植好后，每两排砂糖桔之间开1条宽35cm、深25cm的种植沟。在沟内，施腐熟厩肥或鸡粪等有机肥、钙镁磷肥、硫酸钾复合肥等基肥，用量与罗汉果常规栽培相同。与表土拌匀，然后覆盖细表土，厚度为10cm，堆成龟背形。当气温稳定在15℃时，选择阴天或晴天下午种植。以与两株砂糖桔形成“品”字型的规格种植罗汉果。株行距为2m×3m。罗汉果雌雄花的搭配按100∶2。种后要套保温袋给幼苗避寒保温，苗高50cm左右再脱保温袋。

（2）修剪　与砂糖桔套种的罗汉果修剪要做到：主蔓上棚早，留枝适当少，开花结果早。因此，修剪尤为重要。当罗汉果苗长到25cm时，及时用线绳把苗固定在杆上，引蔓上棚，同时抹除萌生侧芽，确保主蔓健壮生长上棚。在主蔓上棚后，长出5～6节时，留基部2节，其余摘除，让其分生2条一级枝蔓。当一级枝蔓长出4个节位时，每枝留基部2节，其余摘除。当二级蔓长至4节时摘顶，让其分生16条枝蔓作为结果枝，形成扇形分布。在每条枝蔓结果10个以后、不再授粉时，可摘去顶芽，促进果实膨大。

（3）施肥、授粉、病虫害防治和采收与罗汉果常规种植的相同。

（4）采收后管理　罗汉果采收完毕后，把罗汉果的主蔓平地砍断，使棚上的枝蔓快速枯萎，并及时清除，以促进砂糖桔生长。2年后解除套种，要及时撤除棚架，以便进行砂糖桔管理。

罗汉果与经济作物间（套）种，能为罗汉果的生长保水、保肥，有效地减少了除草与病虫害防治的投入成本，又可增加总体经济效益，是一种值得推广的生态种植模式。

二、罗汉果果园覆盖方式的种植技术

罗汉果喜温暖、凉爽、湿润的环境，需要较高的肥力才能获得高产。这样，棚下空地容易滋生杂草。除草是一项费时费力的事情。果园覆盖是抑制杂草生长的有效途径之一。不同的覆盖方式除草效果和成本节省程度不尽相同。在生产上多见有地膜覆盖和稻草覆盖，两种均能有效抑制杂草滋生。在研究稻草覆盖和地膜覆盖对罗汉果果园的土壤水分、温度、养分和空气温湿度等生态因子的变化及其对罗汉果产量和品质的影响时表明，在高温季节，稻草覆盖能使0～20cm土层土壤温度降低0.3～5.7℃，棚内空气温度降低1.2℃，提高土壤含水量和空气相对湿度，有利于罗汉果生长；而地膜覆盖条件下，7月棚下空气温度为34.2℃，7、8月地表土壤温度分别达到35.2℃和34.3℃。温度过高不利于罗汉果生长发育、授粉受精和提高坐果率，且易引起落果。稻草覆盖有效地提高果园土壤含水量，改善土壤理化性状。并指出：稻草覆盖方式的生态效应优于地膜覆盖方式；地膜覆盖不适于在高温季节使用。现就两种罗汉果园覆盖技术分别介绍如下。

1. 稻草覆盖技术

（1）材料　选择干燥的稻草。

（2）覆盖时间　3月在罗汉果种植地整地完毕时，及时覆盖。

（3）覆盖厚度　覆盖的厚度5～8cm。

（4）覆盖方法　稻草可凌乱放置也可整齐摆放，均匀撒铺于畦面，并压少许土，以防止风吹翻开。

（5）管理　在罗汉果生长期，及时清除零星杂草，以免蔓延成片。还需及时补充稻草，保持厚度。在施肥时，对已扒开的稻草需及时覆盖好。

2. 地膜覆盖技术

（1）材料　选择银黑双色或黑色地膜，宽度大于畦面40cm。

（2）覆盖时间　在罗汉果种植地已整地、挖坑定点、放入肥料等工序完成后，进行覆盖。

（3）覆盖方法　用地膜将畦面进行全覆盖，四周用泥块压紧。

（4）罗汉果种植　在预定的种植点上，用人工破膜，开一洞宽稍大于种苗基部附带的营养土团。在种植土堆上，挖一小洞，将种苗带土植入。种植后用泥土将洞四周压紧。

（5）管理　需要对罗汉果施水肥时，在根部开一小洞，用漏斗将肥液灌入。并及时把小洞用泥土覆盖。遇到连续干旱时，需要对罗汉果灌溉时，应以漫灌的形式进行为好。罗汉果地膜覆盖栽培适宜在水源充足的地方。在高温季节，注意检查土壤温度，必要时，及时开洞或揭开，避免温度过高而影响植株生长。

三、罗汉果免点花技术

在罗汉果生产中，人工授粉耗费最多的劳力，是制约罗汉果大面积推广种植的瓶颈。许多农户因劳力缺乏而无法大面积种植罗汉果。研究和推广罗汉果免点花技术能降低劳动成本的投入，提高经济效益。现介绍两种适用于罗汉果免点花的方法。

1. 挂肉引蝇、蜂免点花法

黄毅等报道，罗汉果挂肉引蝇、蜂免点花法及配套的栽培技术，所产出的罗汉果产量与人工授粉栽培的相当，可减少用于授粉的人工费1000元以上。其技术要点如下。

（1）增加雄株种植数量　雌雄株种植比例为10：1。比常规人工授粉的雌雄株种植比例50：1多5倍，保证有足够量的花粉来源。

（2）修剪　雌株上棚后10片叶时，摘除生长点，即摘顶。摘顶方法是：从棚面的节开始计算，至第6叶处摘除。促进一级蔓生长，一级蔓只留4条，其余抹掉。当一级蔓长至7叶时摘顶，促进二级蔓生长，每条二级蔓只留结果10个，每节保留结果1个，保证大果率，多余的雌花摘除，同时把不开花、病、弱的枝条剪去，清洁田园。雄株株高1.5m即将上棚时摘顶，留2条一级蔓上棚，上棚后每到8叶时摘顶，每条促进7～8条二级蔓生长，生长后一般就有花蕾了。如果还没有花蕾，继续摘顶。

（3）施肥　① 催苗肥：定植后7天，用2%～3%沼气水或0.2%的硫酸钾复合肥或钾宝（生长势差的加入0.2%尿素催苗）5～7天1次，共5～7次，当主蔓将要上棚时停止使用。② 促花肥：在主蔓上棚后，在植株周围30cm处开浅沟，放入沼气水2～3kg，或1%～1.5%磷酸二铵，或每株施硫酸钾复合肥0.2kg，结合防虫喷雾3～4次0.3%磷酸二氢钾。③ 壮果肥：雌花授粉后，子房便迅速膨大，形成了幼嫩的果实，这一时期需要较多的营养。此时，每株施入45%硫酸钾复合肥0.4～0.5kg和过磷酸钙0.2～0.3kg，再用泥土覆盖。

（4）免点花授粉处理　①为营造丰产的骨架，在一级蔓上的花蕾抹去。始花时，挂肉引蝇、蜂，每亩投放5～6处，每处100g，将肉置于纸杯中，用绳子吊系在棚下。花期不喷农药，适当喷雾白糖或蜜糖。②在盛花期前15天，喷雾2%的硼砂加芸苔素内酯1～2次，盛花期再喷3～4次，促进花量增多和花管生长。

2. 驯蜂、诱蜂授粉免点花法

据许鸿源报道，利用驯蜂、诱蜂授粉方法能显著降低罗汉果花期授粉的劳动强度，提高生产效率，降低生产成本。

（1）制备驯蜂剂　① 收集罗汉果花朵置于40℃条件下焙干，取100g，研粉，加入浓度30%的乙醇200ml于60℃水浴中，按常规方法萃取3次，合并萃取液，置于80℃水浴中驱赶乙醇至无味，再置于蒸发皿蒸干，收集干粉。② 取干粉5g加蔗糖5g，置于不锈钢盘中拌匀，成混合物。③ 取柠檬醛1ml、甘油2ml、蔗糖30g，用饮用水稀释至100ml摇匀，然后倒入步骤②的混合物，充分搅拌均匀，即成。

（2）制备诱蜂剂　取柠檬醛1ml、甘油2ml、蔗糖30g，用饮用水稀释至100ml，充分搅拌至蔗糖完全溶解，制成诱蜂剂。

（3）蜜蜂驯诱剂的使用　① 蜜蜂驯化：在罗汉果园地300m之内，放置1箱或更多的蜜蜂，在罗汉果花期到来前10～20天，将适量驯蜂剂倒入不锈钢盘中，置于蜜蜂箱前方且能避开蚂蚁的地方，供蜂群食用。训练蜂群习惯含有罗汉果花成分的驯蜂剂气味。② 诱蜂传粉：在罗汉果花期到来之后，停止在蜂巢前使用驯蜂剂。将诱蜂剂倒入手持喷雾器中，于黎明时准确喷入雌雄花朵内侧，引诱蜜蜂造访传粉。

四、防虫网覆盖防治病毒病技术

病毒病是罗汉果的主要病害，其一旦发生，会造成罗汉果减产、畸形及品质下降。目前尚无有效农药可以根治。蚜虫等刺吸性害虫是传播病毒病的主要途径。防虫网作为一种新型的设施栽培材料，利用防虫网覆盖生长中的罗汉果植株，能明显降低病毒病的发生。可减少或免去用来防治病毒病的农药使用量。具体方法如下。

（1）选用脱毒种苗　选择经生物技术脱毒的组培苗及其扦插苗作种植材料。

（2）土壤消毒　在覆盖防虫网前，要进行场地消毒。可用土壤消毒剂或生石灰进行。

（3）防虫网的选择　选择标准网40～60目的白色防虫网为宜，过于稀疏达不到阻隔害虫的作用，过于致密不利于场地通风和降温，影响罗汉果生长和发育。

（4）覆盖方法　搭建高3.5m的支架棚，长度和宽度根据场地而定，将网按支架棚的大小进行无缝连接。覆盖在棚架上。四周网脚用泥土压紧。在罗汉果种植前至采收完毕，全生育期均覆盖防虫网。

（5）罗汉果及其他管理与常规操作相同。

五、食物诱剂防治罗汉果果实蝇技术

罗汉果果实蝇世代严重重叠，为害成熟和近成熟的果实，造成损失巨大，也给罗汉果无公害生产带来困难。在防治中，利用其趋性强和产卵期长的特性，诱杀成虫是防治果实蝇的重要措施之一。果实蝇成虫羽化后，需经20～120天取食糖类、氨基酸类食物以补充营养，方才交配产卵。食物诱剂具有性引诱剂不能取代的作用。有研究表明：利用害虫食物诱剂防治罗汉果实蝇的效果达89.28%优于蛀果虫性诱剂。有效地降低因果实蝇为害而造成的损失。具体的方法如下。

（1）药剂用量　1包（50g）食物诱导剂与5g“万灵粉”触杀性农药混合，兑水2.2L，分装于诱瓶中，每瓶约150ml。

（2）诱导时间　于8月上旬，果实将成熟时开始诱杀。

（3）悬挂密度和方法　每亩果园，悬挂15个诱瓶，均匀挂于棚架下，离地1.8m。每10天更换新药1次。

性引诱剂能降低果园内成虫有效交配率，而不能防治园内有效交配雌虫和外源性雌虫的产卵为害。从长远来说，效果较好。食物诱剂能对当季为害的果蝇成虫有效诱杀，减少损失，与性引诱剂有互补作用；同时，还能诱杀多种害虫，如夜蛾、粉蝶 、甲壳虫等，是一种罗汉果果实蝇有效防治的适宜技术。

六、特色加工技术

1. 冻干罗汉果加工方法

陈素云研究表明，冻干的罗汉果能较好地保持罗汉果原有的色、香、味、形和营养成分，生产效率高，操作简便。是一种新型的罗汉果加工技术。具体操作如下。

（1）材料　选取成熟、无病害、无腐烂变质的鲜罗汉果，清水洗净。

（2）杀青　将干净的罗汉果置于温度50～80℃的环境中烘烤，时间为5～10分钟。

（3）取孔　在罗汉果的顶部果蒂处以及相对应的底部果脐处各打一小孔，小孔的直径为2～5mm、深度为8～15mm。

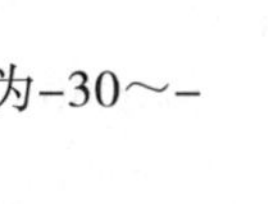

（4）预冷冻　将已取孔的罗汉果，置于冷冻干燥器中，降温，在温度为-30～-20℃，冷冻3～5小时。

（5）二次冷冻　将已经预冷冻的罗汉果，置于温度为-35～-30℃、真空度为30～50Pa的环境下，进行二次冷冻3～5小时。

（6）深冷冻　将已经二次冷冻罗汉果，置于加热板温度为25～35℃、真空度为30～50Pa、冷阱温度为-50～-35℃的条件下，深冷冻5～10小时。

（7）真空包装　深冷冻后的罗汉果真空密封包装，即得冻干罗汉果成品。

2. 微波干燥罗汉果的加工方法

孙步祥等研究表明，采用微波的方式干燥一定时间后，在较低温度下降温，并重复干燥、降温步骤的特殊工艺，使罗汉果在骤冷骤热的过程中，形成更好的口感，保持了新鲜果特有的果香，而且干果中罗汉果甜苷V的保持率高。此方法工艺简单易控，干燥时间短，能耗低，鲜果中的营养成分损失小，是一种新型的罗汉果加工技术。具体的操作方法如下。

（1）清洗　将罗汉果鲜果用水清洗。

（2）杀青　将罗汉果置于含有0.1%生姜，用柠檬酸调节pH5.5～6.0，温度为90～95℃的水溶液中，烫煮5～10分钟。

（3）打孔　在罗汉果的顶部果蒂处以及相对应的底部果脐处各打一小孔，小孔的直径为5mm。

（4）微波干燥　将打孔的罗汉果放入微波干燥设备中，调节工作频率为915MHz、温度50～60℃条件下干燥8～10分钟，然后取出，置于0～4℃条件下降温3～5分钟；之后取出再放入微波干燥设备中于相同条件下干燥8～10分钟，取出，置于0～4℃条件下降温3～5分钟；重复以上干燥、降温过程5～6次，即得。

3. 罗汉果条状饮品的加工

许鸿源等研究报道，罗汉果干果条不但色泽靓丽，品位一目了然，散发一股特有的清香味，口感清甜甘爽，没有异味。适合一般人群一次饮用，十分方便。加工方法如下。

（1）原料准备　将后熟完成的罗汉果按大、中、小分级。分别对不同级别的罗汉果的外表皮进行清洗。晾干备用。

（2）果条制备 ① 脱壳：将果皮剥离，并保持原来完整的形状。②分条：从两列种子间的间隙将果瓤分成6份，整齐摆放在烤盘中。

（3）果条烘烤 大果、中果、小果的果条分别按等级、分批次进行。可采用电热烘烤的方法烘烤。方法为：从高温到低温分阶段烘烤，温度和时间的参数为：100～105℃烘烤2小时，60～65℃烘烤10～12小时，50～55℃烘烤12～24小时，其中温度和时间应随着大果、中果、小果等级的果条的不同而异。以果条相互碰撞有清脆回声、颜色金黄色或淡黄色为出炉标准。

第5章

罗汉果药材质量评价

一、道地沿革

广西的永福县、临桂县是最早发现及利用罗汉果的地方，是罗汉果的源发地，至今已有二百多年的历史。早在清朝光绪十一年（1885年）重刊《永宁州志》卷三药石类就有“百合——罗汉果——杜仲”等物种的记载（当时的永宁位于现在的永福县境内）。光绪三十一年（1905年）重刊《临桂县志》卷八物产类中，明确了它的功效：“罗汉果大如柿，椭圆中空，味甜性凉，治痨嗽”。《岭南采药录》载：“罗汉果产于广西，果实味甘，理痰火咳嗽，和猪精肉煎汤服之。”现代的《全国中草药汇编》《中药志》《中药大辞典》《中草药彩色图谱》《广西中药志》等书籍均记载罗汉果主产于广西，其味甘性凉，无毒，有润肺止咳、凉血、润肠通便、降压及增强机体细胞免疫功能等。并被收载于1977年、1985年、1990年、1995年、2000年、2005年、2010年和2015年各版的《中国药典》，成为我国常用中药材。

从栽培起源而言，广西的永福、临桂县是我国罗汉果栽培起源中心，当地就采集和利用野生资源，并进行人工移植，历史悠久。20世纪50年代以后，罗汉果生产逐年发展，至70年代，广西有数十个县如兴安县、全州县、融安县均有罗汉果栽培，面积和产量不断增加。广东、云南、湖南、浙江、福建等省相继引种。目前，广西的罗汉果种植已形成了规模化生产，据不完全统计，仅永福、临桂两县，面积就达1300公顷，年产8000万个以上。再加上龙胜、兴安、全州、融安等产地，面积更大。罗汉果已成为广西的特色经济产业。从质量来说，广西的品质最优，广西的永福县、临桂县、龙胜县均已获得“罗汉果地理标志”的殊荣。其中，永福县的龙江乡被誉为“中国罗汉果之乡”。

随着国家对罗汉果产业的重视和研发的投入，广西建有多家中大型罗汉果加工企业。为产品的深加工奠定基础。科研上，在罗汉果品种选育、栽培技术、产品加工等也都取得丰硕的成果。目前，已形成一套完整成熟的种植、加工技术及相关标准。在新品种创新方面，在原有的青皮果、长滩果、冬瓜果、拉江果、茶山果、红毛果等品种的基础上。又成功地培育出高产、优质且具有一定抗性的新品种，如龙江青皮果、青皮3号、永青1号和普丰青皮等。从种苗繁育方面，已制定并发布实施《罗汉果组培苗》地方标准；在种植方面，也制定了地方标准《罗汉果组培苗生产技术操作规程》。从源头上确保罗汉果种苗质量；每亩产量也从原来的6000只，增加到10 000～15 000只。大大促进罗汉果产业的发展。

二、药用性状与鉴别

罗汉果为葫芦科植物罗汉果*Siraitia grosvenorii*（Swingle）C Jeffrey ex A. M. Lu et Z. Y. Zhang的干燥果实。秋季果实由嫩绿色变深绿色时采收，晾数天后，低温干燥。

1. 性状

罗汉果呈卵形、椭圆形或球形，长4.5～8.5cm，直径3.5～6cm。表面褐色、黄褐色或绿褐色，有深色斑块和黄色柔毛，有的具6～11条纵纹。顶端有花柱残痕，基部有果梗痕 。体轻，质脆，果皮薄，易破。果瓤（中、内果皮）海绵状，浅棕色。种子扁圆形，多数，长约1.5cm，宽约1.2cm；浅红色至棕红色，两面中间微凹陷，四周有放射状沟纹，边缘有槽。气微，味甜。

2. 鉴别

（1）本品粉末棕褐色。果皮石细胞大多成群，黄色，方形或卵圆形，直径7～38μm，壁厚，孔沟明显。种皮石细胞类长方形或不规则形，壁薄，具纹孔。纤维长梭形，直径16～42μm，胞腔较大，壁孔明显。可见梯纹导管和螺纹导管。薄壁细胞不规则形，具纹孔。

（2）取本品粉末1g，加水50ml，超声处理30分钟，滤过，取滤液20ml，加正丁醇振摇提取2次，每次20ml，合并正丁醇液，减压蒸干，残渣加甲醇1ml使溶解，作为供试品溶液。另取罗汉果对照药材1g，同法制成对照药材溶液。再取罗汉果皂苷Ⅴ对照品，加甲醇制成每1ml含1mg的溶液，作为对照品溶液。照薄层色谱法（通则0502）试验，吸取上述三种溶液各5μl，分别点于同一硅胶G薄层板上，以正丁醇–乙醇–水（8：2：3）为展开剂，展开，取出，晾干，喷以2%香草醛的10%硫酸乙醇溶液，加热至斑点显色清晰。供试品色谱中，在与对照药材色谱和对照品色谱相应的位置上，显相同颜色的斑点。

三、质量评价

（一）中药材规格标准的意义和现状

中药的质量是指中药材自身的品质状况，中药材的外观性状，如形状大小、色泽、质地、气味等及有效成分、药理作用与临床疗效都可反映其质量的优劣。中药材的规格等级是其品质的外观标志。

《中华人民共和国药品管理法》规定，药品必须符合国家药品标准或省、自治区、直辖市的药品标准。国家标准包括《中国药典》和部级颁发的药材标准，目前执行的是部级颁发标准《76种药材商品规格标准》。它是在《中国药典》的基础上，选择产量大、流通面广、价格较高、具有统一管理条件的76种药材，作为全国统一质量标准。在省、自治区、直辖市的药品标准管理中，对于必备经营的600种药材中，只有100种药材制定了地方标准。之中的大部分药材还没有标准可依。

一般地，中药材规格是按洁净度、采收时间、生长期（老嫩程度）、产地及药用部位形态不同划分；等级是指同一规格或同一品名的药材，按干鲜、加工部位、皮色、形态、断面色泽、气味、大小、轻重、货身长短等性质要求规定若干标准，每一个标准即为一个等级。等级名称以最佳者为一等，最次者为末等，一律按一、二、三、四……顺序排列。

由于中药材是自然形态，如货身长短粗细，大小轻重，同一等级亦有明显的差异。因此，在一个等级之内，要有一定的幅度，用“以内、以外”和“以上、以下”来划定起线和底线数。例如：药材一等选每千克46个以内，这是最多个数的底数，超过此数就不够一等级了。二等68个以内，即47～68个之间的个数，均属二等，但在同一等级内，大小个头平均57个左右为宜，只能是略有大小，基本均匀，不能以最大和最小者，混在一起来充二等个数。

（二）罗汉果的商品规格等级

罗汉果是药食两用的商品，其商品标准因用途不同而异。内贸和外贸部门对罗汉果外形和外观的标准和规定比较具体化，而作为药用则对罗汉果的甜苷V、水分、灰分、浸出物提出明确要求。

对于作为药用的罗汉果，根据《中国药典》（2015年）规定：①水分：不得过15.0%（通则0832第二法）。②总灰分：不得过5.0%（通则2302）。③浸出物：照水溶性浸出物测定法（通则2201）项下的热浸法测定，不得少于30.0%。④含量测定：照高效液相色谱法（通则0512）测定，罗汉果皂苷V（$C_{60}H_{102}O_{29}$）不得少于0.5%。

对于食用罗汉果，各地收购时，参照农业行业标准——《罗汉果》（NY/T 694—2003）进行；而罗汉果提取物则按企业制定内控质量指标和国外（主要指美国、日本）消费方要求的指标执行。具体的指标如下。

1. 基本要求

各等级果实均具有以下特征：①罗汉果的清甜香味；②完整、不裂、不破；③干爽有弹性，相碰时发出清脆声；④摇动不响，无霉变；⑤果心不发白，不显湿状；⑥无烟味；⑦无异味；⑧无病虫害；⑨果面洁净，无沾污物。

2. 分级规格

（1）罗汉果果实大小规格（表5-1）。

表5-1　罗汉果大小规格　　单位：cm

规格	果实横径	规格	果实横径
特果	＞5.7	中果	4.8～5.2
大果	5.3～5.7	小果	4.5～4.7

（2）罗汉果理化指标（表5-2）。

表5-2　罗汉果理化指标　　单位：%

项目	等级		
	优级	一级	二级
罗汉果总苷	≥3.5	≥3.5	≥3.2
总糖	≥18.0	16.5～17.9	15.0～16.4
水浸出物	≥40.0	37.0～39.9	32.0～36.9
水分	≤15.0	≤15.0	≤15.0

（3）罗汉果卫生学指标（表5-3）。

表5-3　罗汉果卫生学指标　　单位：mg/kg

项目	指标	项目	指标
砷（以As计）	≤0.5	多菌灵	≤2.0
铅（以Pb计）	≤0.2	氰戊菊酯	≤0.2
镉（以Cd计）	≤0.03	溴氰菊酯	≤0.1
水胺硫磷	≤0.1		

4. 检验方法

（1）基本要求项目　用眼观测法观察果品外形状态和标志；用口尝法进行滋味检验；鼻嗅法检测气味；用手、耳摇听检验响果。

（2）果实大小项目　采用卡尺测量。为提高测量工作效率，产区罗汉果收购商家，用铁板，按等级规定的直径长度，预置成内径等同该等级直径的空心孔板，即"果板"，用来筛选大批量的罗汉果。凡不能穿过该等级圆孔的定为该等级（或以上级）的果品，反之，则为下一级果品。

（3）理化指标测定方法　①罗汉果皂苷测定：采用香草醛-冰醋酸比色法测定（略）。②水分（通则0832第二法）、灰分（通则2302）、总糖、水浸出物照水溶性浸出物测定法（通则2201）项下的热浸法测定，测定参照国家食品行业标准方法执行。

（4）卫生学指标测定　参照国家食品行业标准方法执行。

（三）罗汉果提取物的质量指标

罗汉果提取物是指通过物理或化学的方法定向从罗汉果果实提取后，经科学加工而成的物质。目前市面上有罗汉果甜苷、罗汉果浸膏、罗汉果浓缩汁等。我国对罗汉果提取物质量尚无国家标准，仅生产企业制定内控质量指标和国外（主要指美国、日本）消费方要求的一些指标。现将主产区（广西）罗汉果甜苷加工企业质量控制指标（表5-4）和美国客商对罗汉果甜苷的要求指标罗列如下（表5-5）。

表5-4　国内生产企业罗汉果甜苷的质量控制指标

项目	指标	检测方法
外观、形态	浅黄色粉末（80目以上）	目测、过筛
甜度	5%蔗糖甜度300倍以上	稀释倍数法
罗汉果甜苷含量（%）	≥70	紫外-可见分光光度法
水分（%）	≤5	国标
灰分（%）	≤1	国标
重金属（以Pb计，%）	≤0.001	国标
砷（%）	≤0.0001	国标
卫生学指标	符合仪器要求	国标

表5-5　美国客商要求的罗汉果甜苷的质量指标

项目	指标
外观	白色至黄色粉末，无异物
气味	轻微罗汉果气味，不应有苦味和涩味
溶解性	制作0.1%（W/V）水溶液，加热至完全溶解，不得有不溶物存在，冷却后也不得有不溶物存在
罗汉果苷V（mogroside V）含量	≥30%（HPLC法）
甜度	≥蔗糖的210倍
吸光度	≤0.3（460mm）
灰分	≤1%
水分	≤6%
重金属	≤10ppm
砷含量	≤1ppm

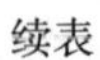

项目	指标
菌总数	300个/g
大肠埃希菌	阴性

为克服我国罗汉果提取物市场规范化、标准化，使得罗汉果商品与国际市场接轨，有必要制定国家统一标准，以促进罗汉果产业发展。

第6章

罗汉果现代研究与应用

一、化学成分

罗汉果的化学研究始于一个叫Lee Chi-Hang的美国人，他于1974年首先从罗汉果果实中提取出三萜甜味成分。自此，国内外众多研究学者相继开始从事罗汉果的化学成分研究。近年来，众多科研人员对罗汉果化学成分和药理活性作用的研究也日渐深入。

许多学者通过对罗汉果提取物的化学成分研究已经得到甾体、罗汉果甜苷、黄酮及四环三萜酸等化合物，其中罗汉果甜苷是最主要的甜味成分，包括罗汉果甜苷Ⅳ、Ⅴ、Ⅲ等为主的几十种三萜苷类，其中罗汉果甜苷Ⅴ是果实中含量最高的甜味成分。罗汉果甜苷为浅黄色粉末，水溶性好且无沉淀，安全无毒，其甜度是蔗糖的300倍左右，属低热量、非营养、非发酵型的甜味剂，在100～120℃的温度下连续加热25小时均不致破坏，可以作为比较理想的、食品工业生产应用的天然甜味添加剂。目前，罗汉果甜苷在国际市场上如欧美、东南亚以及港澳地区市场长期均有出售，特别是在美国，罗汉果甜苷作为天然甜味添加剂已经通过美国食品药品管理局（FDA）认证。罗汉果甜苷在我国也广泛用于医药、饮料、保健食品等工业生产中。

1. 葫芦烷型三萜类成分

据文献报道，葫芦烷型四环三萜皂苷是罗汉果的主要有效成分，都是含有苷元结构的罗汉果醇（mogrol），如罗汉果苷Ⅳ（mogroside Ⅳ）、罗汉果苷Ⅴ（mogroside Ⅴ）、罗汉果苷Ⅵ（mogroside Ⅵ）、罗汉果苷ⅡE（mogroside ⅡE）、罗汉果苷Ⅲ（mogroside

Ⅲ)、罗汉果苷ⅢE(mogroside ⅢE)、赛门苷Ⅰ(siamenoside Ⅰ)、11-氧化罗汉果苷Ⅴ(11-oxomogroside Ⅴ)、罗汉果皂苷ⅢA_1(mogroside ⅢA_1)、罗汉果皂苷Ⅳa(mogroside Ⅳa)、罗汉果皂苷Ⅳe(mogroside Ⅳe)。赛门苷Ⅰ是目前发现的葫芦烷三萜苷中最甜的成分，在万分之一浓度时为5%蔗糖甜度的563倍，它是罗汉果醇的四糖苷，其结构为：罗汉果醇-3-*O*-(β-D-吡喃葡萄糖苷)-24-*O*-[β-D-吡喃葡萄糖基(1-2)]-[β-D-吡喃葡萄糖基(1-6)-β-D-吡喃葡萄糖苷]{mogrol-3-*O*-(β-D-glucopyrannoside)-24-*O*-[β-D-glucopyranosyl(1-2)]-[β-D-glucopyranosyl(1-6)]-β-D-glucopyrannoside}。罗汉果皂苷ⅢA_1的结构为罗汉果醇-24-*O*-β-D-吡喃葡萄糖基(1→2)-[β-D-吡喃葡萄糖基(1→6)]-β-D-吡喃葡萄糖苷{mogrol-24-*O*-β-D-glucopyranosyl(1→2)-[β-D-glucopyranosyl(1→6)]-β-D-glucopyranoside}。

上述成分是学者们从罗汉果干果中提取得到的，他们还从罗汉果新鲜果实中得到了新成分。徐位坤等从新鲜的罗汉果嫩果的乙醇提取物中用正丁醇提取，经硅胶柱层析分离出一个苦味成分，其结构为：罗汉果苷元-3，24-二-氧-β-葡萄糖苷，属于四环三萜葡萄糖苷，命名罗汉果苦苷A，该成分为首次从天然产物中得到。斯建勇等发现一个新的罗汉果苷(neomogroside)，其结构为：罗汉果醇-3-*O*-[β-D-葡萄吡喃糖基(6→1)-β-D-葡萄吡喃糖基(2→1)-β-D-葡萄吡喃糖苷]-24-*O*-{[β-D-葡萄吡喃糖基(2→1)]-[β-D-葡萄吡喃糖基(6→1)]-β-D-葡萄吡喃糖苷}，该新苷是罗汉果中的微量成分，味道极甜，也是罗汉果的甜味成分之一，是新的天然甜味剂。王亚平等从鲜罗汉果的石油醚部位分离出一种新的四环三萜化合物，命名为罗汉果二醇苯甲酸酯（mogroester），并鉴定其结构为9，19–环羊毛甾烷–7，24–二烯–3，21–二苯甲酸酯。杨秀伟等从鲜罗汉果中分离到两个新三萜皂苷类化合物，分别鉴定为罗汉果苷ⅣA和罗汉果皂苷ⅡA_1。李典鹏等从未成熟的罗汉果果实中分离出10个罗汉果苷类成分，除了干果中也含有的已知罗汉果苷ⅡE、Ⅲ、Ⅳ、Ⅴ外，还得到了5个新化合物，分别是：20–羟基–11–氧化罗汉果苷ⅠA_1、11–氧化罗汉果苷ⅡE、11–氧化罗汉果苷Ⅲ、11–去羟基氧化罗汉果苷Ⅲ、11–氧化罗汉果苷ⅣA，其中罗汉果苷ⅡE和罗汉果苷Ⅲ是未成熟罗汉果的主要成分，而且罗汉果苷ⅡE味极苦，这可能是未成熟罗汉果味苦的原因。此外，李典鹏等还研究了不同生长日龄（5、10、20、40、55、70、85天）的罗汉果苷类成分变化规律：罗汉果果实从授粉后5天开始即有苷类成分出现，生长日龄在30天以前的嫩果主要含有苦味的二糖苷即罗汉果苷ⅡE，30天后开始有罗汉果苷Ⅲ出现，到55天罗汉果苷Ⅲ含量达到高峰，并有罗汉果苷Ⅳ生成，70天左右，罗汉果苷Ⅳ含量达到最高，并有罗汉果苷Ⅴ生成，85天以后罗汉果苷Ⅴ为罗汉果的主要甜味成分，果实的外观开始黄熟。

除了罗汉果果实以外，罗汉果的其他部位也有葫芦烷型三萜类化合物。王雪芬等将罗汉果根的乙醇提取物加水稀释，用乙酸乙酯萃取后得到脂溶性部位，经硅胶柱层分离出4个新的三萜酸，经光谱鉴定和X–衍射晶体结构分析，发现它们为失碳的葫芦烷型四环三萜酸，分别命名为罗汉果酸甲、罗汉果酸乙、罗汉果酸丙、罗汉果酸丁；此外，还分离得到罗汉果醇和11–氧化罗汉果醇。斯建勇、陈迪华等从罗汉果根提物中分离得上述成分外，还分离出一个新的三萜酸：罗汉果酸戊。李典鹏等从罗汉果根中分离出两种皂苷并鉴定为罗汉果酸苷甲Ⅱ和罗汉果酸苷乙Ⅱ。

上述罗汉果中主要的三萜类成分见表6–1。

2. 黄酮类成分

杨秀伟等从罗汉果中首次分离得到山柰酚。斯建勇等从新鲜罗汉果果实中分离得到罗汉果黄素Ⅰ（新成分）和山柰酚–3，7–α–L–二鼠李糖苷。陈全斌等也从罗汉果鲜果中提取出山柰酚和槲皮素，并测得每个罗汉果鲜果中总黄酮含量为5～10mg，甜苷中总黄酮含量为1.42%。李典鹏等从未成熟的罗汉果中提取出两个罗汉果黄酮成分：罗汉果黄素Ⅱ和山柰酚–7–O–α–L–鼠李糖苷。

为了充分利用罗汉果植物资源，提高产业附加值，不少学者对罗汉果的其他部位如根、叶、花等开展了化学成分研究。罗汉果叶中含有黄酮苷元山柰酚和槲皮素，已分离鉴定出的黄酮苷类成分有：山柰酚–3，7–O–α–L–二鼠李糖苷、山柰酚–3–O–α–L–鼠李糖苷、槲皮素–7–O–L–鼠李糖苷和槲皮素–3–O–β–D–葡萄糖–7–α–O–L–鼠李糖苷等。张妮等利用溶剂萃取和色谱分离手段从罗汉果叶中分离得到9个化合物，其中4个首次从罗汉果叶中分离得到，分别为：阿魏酸、4′–甲氧基二氢槲皮素、大黄素、芦荟大黄素。韦忠孙等对罗汉果叶开展了黄酮提取试验，中试生产得到罗汉果叶粗品黄酮含量25.5%，得率4.2%；采用无水乙醇精制后，黄酮含量提高到45.8%，得率2.2%，以期将其开发利用，提高罗汉果资源利用率。柯良芳等对罗汉果茎叶的药效物质基础进行了较系统的研究，确定了其有效物质部位为黄酮类化合物，山柰苷为其主要有效成分，具有明显抗菌、抗氧化和对2型糖尿病大鼠模型显示良好的治疗作用。罗汉果花中也含有黄酮苷元山柰酚。

上述罗汉果中主要的黄酮类成分见表6-1。

表6-1　罗汉果中主要的三萜类及黄酮苷类成分

序号	化合物名称	英文名	存在部位
1	罗汉果醇	mogrol	干果，鲜果，根
2	罗汉果苷Ⅳ	mogroside Ⅳ	干果，鲜果
3	罗汉果苷Ⅴ	mogroside Ⅴ	干果，鲜果
4	罗汉果苷Ⅵ	mogroside Ⅵ	干果
5	罗汉果苷ⅡE	mogroside ⅡE	干果，鲜果
6	罗汉果苷Ⅲ	mogroside Ⅲ	干果，鲜果
7	罗汉果苷ⅢE	mogroside ⅢE	干果
8	赛门苷Ⅰ	siamenoside Ⅰ	干果
9	11-氧化罗汉果苷Ⅴ	11-oxomogroside Ⅴ	干果
10	罗汉果皂苷ⅢA_1	mogroside ⅢA_1	干果
11	罗汉果皂苷Ⅳa	mogroside Ⅳa	干果，鲜果
12	罗汉果皂苷Ⅳe	mogroside Ⅳe	干果
13	新罗汉果苷	neomogroside	鲜果
14	罗汉果苦苷A	mogroside A	未成熟鲜果
15	罗汉果二醇苯甲酸酯	mogroester	鲜果
16	罗汉果皂苷ⅡA_1	mogroside ⅡA_1	鲜果
17	20-羟基-11-氧化罗汉果苷ⅠA_1	20-hydroxy-11-oxomogroside ⅠA_1	未成熟鲜果
18	11-氧化罗汉果苷ⅡE	11-oxomogroside ⅡE	未成熟鲜果
19	11-氧化罗汉果苷Ⅲ	11-oxomogroside Ⅲ	未成熟鲜果
20	11-去羟基氧化罗汉果苷Ⅲ	11-dehydroxymogroside Ⅲ	未成熟鲜果

续表

序号	化合物名称	英文名	存在部位
21	11-氧化罗汉果苷ⅣA	11-oxomogroside ⅣA	未成熟鲜果
22	罗汉果酸甲	siraitic acid A	根
23	罗汉果酸乙	siraitic acid B	根
24	罗汉果酸丙	siraitic acid C	根
25	罗汉果酸丁	siraitic acid D	根
26	罗汉果酸戊	siraitic acid E	根
27	11-氧化罗汉果醇	11-oxomogrol	根
28	罗汉果酸苷甲Ⅱ	siraiticacid ⅡA	根
29	罗汉果酸苷乙Ⅱ	siraiticacid ⅡB	根
30	山柰酚	kaempferol	干果，叶，花
31	罗汉果黄素	grosvenorine	鲜果
32	山柰酚-3，7-α-L-二鼠李糖苷	kaempferol-3，7-α-L-dirhmnopyranoside	鲜果
33	罗汉果黄素Ⅱ	kaempferol Ⅱ	未成熟鲜果
34	山柰酚-7-*O*-α-L-鼠李糖苷	kaempferol-7-*O*-α-L-rahmnoside	未成熟鲜果
35	山柰酚-3，7-*O*-α-L-二鼠李糖苷	kaempferol-3，7-di-*O*-α-L-rahmnoside	叶
36	山柰酚-3-*O*-α-L-鼠李糖苷	kaempferol-3-*O*-α-L-rahmnoside	叶
37	槲皮素-7-*O*-L-鼠李糖苷	quercetin-7-*O*-L-rhamnoside	叶
38	槲皮素-3-*O*-β-D-葡萄糖-7-α-*O*-L-鼠李糖苷	quercitrin-3-*O*-β-D-glucoside-7-α-*O*-L-rhamnoside	叶
39	阿魏酸	ferulic acid	叶
40	4′-甲氧基二氢槲皮素	4′-*O*-methyldihydroquercetin	叶
41	大黄素	emodin	叶
42	芦荟大黄素	aloe-emodin	叶
43	槲皮素	quercetin	叶

3. 蛋白质、氨基酸、维生素等营养成分

据文献报道，野生罗汉果干果中的粗蛋白质含量为9.06%，测定其水解物中的氨基酸种类多达18种，其中8种是人体必需的氨基酸，含量最高的是天门冬氨酸和谷氨酸。罗汉果叶中氨基酸的含量非常丰富，达5.82%。

此外，罗汉果鲜果实中还含有丰富的维生素C，每100g鲜果含维生素C 350～517mg，与猕猴桃、沙棘树不相上下，比一般水果高5～120倍；成熟的鲜罗汉果中维生素C含量高达33.9～48.7mg/kg。

4. 油脂成分

饶建平等采用超临界CO_2萃取方法和亚临界萃取方法萃取罗汉果渣油脂，2种萃取方法所得罗汉果渣油脂品质正常，且都含有不饱和脂肪酸亚油酸、角鲨烯、植物甾醇等主要有效成分，营养价值丰富。陈全斌等用索氏提取法对罗汉果种仁进行油脂提取，实验结果得到其种仁含48.5%油脂，油脂中含不饱和脂肪较多，并含有大量的角鲨烯，占种仁油脂总量的51.21%。黎霜等在罗汉果的种子油中发现了丰富的法尼醇（3，7，11-三甲基-2，6，10-十二碳三烯-1-醇），含量52.14%。

5. 挥发性成分

吴林芬等采用超声波浸取法、匀浆萃取法、水蒸气同时蒸馏萃取法3个不同方法从罗汉果中提取挥发性成分，其中超声浸取法共定性了21个化合物，占总成分的89.388%，含量较高的挥发性化学成分主要是醇类、酯类、酸类和糠醛类等化合物；

匀浆萃取法共定性了25个化合物，占总成分的91.937%，含量较高的挥发性化学成分主要是酸类、醇类和烯烃类等化合物；水蒸气同时蒸馏萃取法共定性了67个化合物，占总成分的92.937%，含量较高的挥发性化学成分主要是酸类、醛类和杂环类等化合物。3种方法提取的罗汉果挥发性组分在成分和含量上都存在一些差异，其中超声浸取和匀浆萃取提取的成分差异相对较小，而水蒸气同时蒸馏萃取提取的成分与前两种方法有较大区别，而且能萃取出更多有芳香性的挥发性组分，这表明3种方法对罗汉果有效成分的提取效果是不一样的。

黄丽婕等分别采用水蒸气蒸馏法和冷冻干燥低温富集风味成分的方法提取新鲜罗汉果的风味成分，再利用气相色谱-质谱法（GC-MS）对罗汉果风味物质的挥发油成分进行分析鉴定，水蒸气蒸馏法分离出18种成分鉴定了14个化合物，冷冻干燥低温法分离出42个组分鉴定出24个化合物。鉴定出的化学成分包括有酯类、脂肪烃类、芳香烃类、醇类和酮类等物质，这些成分的综合作用产生了罗汉果的特殊香味，现被广泛应用于香精、烟草、日用化学品香精中。冷冻干燥低温富集风味成分的方法是一种超低温的分离技术，提取温度在-50℃左右，所以尽可能保留了新鲜罗汉果的风味物质，从而防止了高温蒸煮对罗汉果风味物质的破坏。由于提取温度极低，与水蒸气蒸馏法相比，能有效避免植物挥发油提取过程中化学成分的破坏，反映出植物挥发油的实际组成。

6. 其他成分

一直以来，对罗汉果的研究多集中在罗汉果苷上，其实罗汉果果实中也富含糖分，糖类物质的组成及其含量对果实的内在品质有重要影响，但是迄今鲜见对罗汉果果实的可溶性糖类及其含量的系统报道。王海英等以干燥的罗汉果果实为材料，采用PMP柱前衍生化-高效液相色谱紫外检测法、高效液相色谱示差折光检测法分别检测果肉中可溶性糖的种类与含量。结果表明：PMP柱前衍生化-高效液相色谱紫外检测法只能检出罗汉果果实中存在的2种还原性醛糖——葡萄糖、甘露糖；而高效液相色谱示差折光检测法则可一次性检出葡萄糖、果糖、蔗糖、棉籽糖、多糖5种糖分。与柱前衍生化法相比，高效液相色谱示差折光检测法更适合用来全面分析罗汉果果实中糖分的种类和含量。不同罗汉果品种果实中糖的组分一致，但含量有显著差别。另外，样品的干燥方式会影响果实中的总糖及各组分的相对含量。冻干果肉中蔗糖和葡萄糖相对含量最高，烘干则导致蔗糖和葡萄糖下降，果糖与多糖相对含量增加，表明烘干过程对罗汉果品质有一定影响。

此外，罗汉果鲜果中含有D-甘露醇，还有大量的葡萄糖和果糖；成熟果实中含有24种无机元素，其中16种为人体必需的微量元素和大量元素。

二、药理活性作用

罗汉果由于其独特的化学成分，生理活性也多种多样。文献报道罗汉果具有止咳祛痰、抗氧化、保肝、增强机体免疫功能、调节机体血脂代谢、降血糖、提高生理功能、抗菌消炎、解痉、泻下以及抗癌等作用。这些功效归因于罗汉果及其提取物所具备的抗菌、抗糖尿病和清除自由基等方面的作用。

1. 祛痰镇咳作用

周欣欣等用罗汉果及罗汉果提取物（罗汉果皂苷，浓度50%）进行止咳祛痰作用实验研究。止咳实验选取对25%氨水喷雾20秒诱发咳嗽每30秒30次和SO_2致咳的合格小鼠各60只，连续3天每天1次按20ml/kg体重容积给小鼠灌胃给药，罗汉果和罗汉果提取物分别设两个剂量4.0g/kg和8.0g/kg，设一个药物组剂量用咳必清0.028.0g/kg，对照组灌服等容量的蒸馏水。氨水喷雾用序贯法（上下法）求出引起半数小鼠咳嗽的喷雾时间（EDT_{50}），计算R值，R值大于130%说明给药有止咳作用，R值大于150%说明有显著止咳作用；SO_2致咳观察记录小鼠出现咳嗽潜伏期，实验数据进行t检验。实验结果显示，罗汉果及罗汉果提取物对氨水诱发的小鼠咳嗽有减少咳嗽次数的作用，对SO_2诱发的小鼠咳嗽潜伏期有延长作用，与对照组相比均有差异显著性（$P<0.01$）。祛痰实验采用小鼠气管段酚红排泌法、大鼠排痰量毛细玻管法，实验结果表明罗汉果及罗汉果提取物对小鼠气管酚红排泌量和大鼠排痰量均有增加作用，且与对照组相比差异有显著意义（$P<0.01$）。罗汉果及罗汉果提取物都有明显的止咳化痰作用，这与中医传统使用效果相符。

另有文献报道罗汉果的商品规格可能会影响其祛痰效果，罗汉果的一级果、二级果、大果和中果均有祛痰作用，但响果和小果均没有祛痰作用，但还需大量的重复实验验证。

2. 抑菌作用

苏焕群等采用比浊法观察罗汉果浸出液对变形链球菌（*S. mutans*）生长的影

响，结果表明罗汉果浸出液可显著限制变形链球菌的生长、产酸及黏附能力，说明罗汉果浸出液具有抑制变形链球菌的致龋作用。王海洋等开展罗汉果抑制大肠埃希菌生物膜（BBF）有效部位活性成分的筛选，实验结果表明95%乙醇洗脱部位为有效部位，并从中分离得到3个单体化合物，分别为十六烷酸、环-（亮氨酸-异亮氨酸）、谷甾醇-3-*O*-葡萄糖。在质量浓度为1000mg /L时，上述三个单体化合物对大肠埃希菌生物膜的抑制率分别为51.47%、76.34%、67.01%。叶敏等探讨了罗汉果叶和茎的乙醇提取物对大肠埃希菌、铜绿假单胞菌、金黄色葡萄球菌、藤黄微球菌、白色念珠球菌的抑菌作用。用50%乙醇浸提罗汉果叶和茎样品，测定其对不同供试菌种的抑菌率。结果显示：罗汉果叶和茎乙醇提取物均对铜绿假单胞菌的抑制活性良好，但对金黄色葡萄球菌、藤黄微球菌、白色念珠球菌的抑菌活性一般。当罗汉果叶和茎乙醇提取物浓度达到50.0mg/ml时，二者对铜绿假单胞菌的抑制率分别为90.9%和76.7%，对其他细菌的抑制率均在50%以下。罗汉果的叶、茎和根以及果实对变形链球菌都具有较强的抑菌活性，周英等提取了罗汉果全植株各个部位——果实、叶、茎和根的提取物，将其粗提物通过Amberlite XAD树脂进行分离纯化，再通过一种快速颜色指示法和血琼脂法检测它们的抑菌活性，然后对有活性的组分通过血琼脂法进行验证，再进一步将罗汉果干果的粗提物通过HPLC进行分离得到50个组分，其中只有2个组分对变形链球菌有很强的抑制活性，而其他组分没有或只有很弱的活性，且发现罗汉果苷V无抑菌活性，说明罗汉果的抑菌活性不是由罗汉果苷产生的，而是由罗汉果中其他的活性组分或成分产生的。

3. 增强机体免疫作用

王勤等报告罗汉果水提物（将罗汉果破碎后用水煎煮，过滤浓缩加2倍量95%乙醇沉淀处理得到）可增强正常大鼠的体液免疫和细胞免疫功能，增强小鼠的非特异性免疫功能，用25g/kg、50g/kg罗汉果水提物给小鼠灌胃可显著拮抗由氢化可的松（HC）引起的小鼠单核细胞吞噬功能下降。罗汉果甜苷对正常小鼠免疫功能无明显作用，但能显著提高环磷酰胺（CTX）免疫抑制小鼠的巨噬细胞吞噬功能和T细胞的增殖作用。李俊等用不同剂量的罗汉果皂苷给小鼠灌胃，结果显示罗汉果皂苷提取物能使小鼠胸腺、脾脏等器官质量和腹腔巨噬细胞吞噬鸡红细胞百分率及吞噬指数显著增加，同时能增加小鼠胸腺、脾脏指数和淋巴细胞转化率，提高小鼠血清溶血素水平，表明罗汉果提取物具有一定的增强免疫功能的作用。

4. 促胃肠臑动作用

刘婷等通过制备健康豚鼠离体回肠和气管，并加入一定浓度的组胺溶液和罗汉果甜苷Ⅴ，研究罗汉果甜苷Ⅴ对胃肠的作用，结果表明5.00g/L的罗汉果甜苷Ⅴ可显著拮抗组胺引起的回肠收缩，2.50g/L和1.25g/L剂量的罗汉果甜苷Ⅴ对组胺引起的气管痉挛有显著的拮抗作用。0.1～100.0mg/ml罗汉果水提取对兔和狗的离体肠管自发获得具有增强作用，对氯化钡或乙酰胆碱引起的狗、家兔、小鼠离体肠管收缩和肾上腺素引起的肠管松弛具有拮抗作用，并可恢复肠管的自发活动。高剂量和低剂量的罗汉果提取物给小鼠灌胃后，均能显著增加正常小鼠和由于缺水所致便秘小鼠的排便次数。

5. 抗氧化作用

目前，在医疗和食品领域使用较多的是合成抗氧化剂。而实验动物研究表明，合成抗氧化剂（如BHT、BHA）对生物体有潜在的毒副作用，加上人们日益追求环保，因此近年来寻找天然安全的生物抗氧化剂逐渐成为研究热点，植物因含有高浓度的抗氧化活性成分而成为主要研究对象。许多天然植物的提取物被证明具有良好的抗氧化活性，特别是一些黄酮类化合物，其结构中的羟基可通过减少自由基产生和清除自由基从而起到抗衰老的作用，比如茶多酚、槲皮素、儿茶素等。评价一种物质的抗氧化活性能力，即对自由基的清除能力，多采用抑制率进行衡量。国际上一般用Trolox（一种合成抗氧化剂）等同抗氧化活性值（TEAC）来评价天然抗氧化剂的抗氧化能力，即1mmol/L天然抗氧化剂的抗氧化能力相当于Trolox同等浓度的浓度数。莫凌凌等采用荧光和化学发光法建立用FRAP、TEAC及ORAC三种体外抗氧化活性测定体系，分别测定了罗汉果花中5个黄酮苷类单体化合物清除多种脂质过氧化自由基的能力。测定结果显示，FRAP、TEAC和ORAC三种体系对罗汉果花中黄酮苷类化合物的抗氧化活性测定结果相差不大，各化合物间的抗氧化活性强弱顺序均为：SF1-6-2>SF-3>SF7-2>SF1-8-3>SF16-3。其中SF1-6-2和SF-3表现出很强的抗氧化活性，其FRAP值分别高达7192.48μmol Trolox/g和5554.91μmol Trolox/g，而SF16-3则很弱，FRAP值才156.7μmol Trolox/g。根据化合物的构效关系，罗汉果花中的黄酮苷元结构是山柰酚结构（如SF1-6-2），其抗氧化活性最强；当7-位羟基甲基糖苷化后（如SF-3），其抗氧化活性就开始稍有降低；当3-位羟基糖苷化和7-位羟基甲基化后

（如SF7-2和SF1-8-3），其抗氧化活性显著降低；当3-位甲基糖苷化，7-位连接的是2个葡萄糖基时（如SF16-3），化合物的抗氧化活性几乎消失。因此，黄酮苷类化合物结构中的7，3-位羟基是活性基团，7-位羟基甲基化和3-位羟基糖苷化后，化合物的抗氧化活性降低。

罗汉果甜苷对羟基和超氧阴离子自由基均有一定清除作用，能减少红细胞溶血的发生，抑制肝线粒体和大鼠红细胞自氧化溶血时丙二醛（MDA）的生成，抑制大鼠肝组织的脂质过氧化，保护由Fe^{2+}和H_2O_2诱导的肝组织过氧化损伤。姚绩伟等对昆明雄性小鼠灌服罗汉果提取液，发现小鼠的游泳时间明显延长，通过测定相应酶的含量和活性后认为罗汉果提取液对小鼠肝组织丙二醛含量增高有显著抑制作用，并能及时清除运动过程中产生的自由基，有效抑制脂质过氧化。赵燕等利用高脂模型小鼠研究罗汉果甜苷对血清谷胱甘肽过氧化物酶（GSH-Px）、超氧化物歧化酶（SOD）及丙二醛（MDA）的影响，结果表明罗汉果甜苷能显著提高高脂模型小鼠的血清GSH-Px和SOD的活性，明显降低血清MDA的含量，说明罗汉果甜苷具有强的自由基清除能力和抗脂质过氧化作用。

生罗汉果的肉和皮粗提物均具有良好的DPPH（1，1-二苯基-2-三硝基苯肼）自由基清除活性，它们的半数清除率浓度IC_{50}显著小于标准值10mg/ml，具有开发为优良的复方自由基清除剂的潜力。

6. 抗肿瘤作用

有研究报道罗汉果皂苷V具有防癌抑癌作用。符毓夏等采用噻唑蓝实验（MTT

法）检测罗汉果醇对人前列腺癌细胞株DU145、人肝癌细胞株HepG2、人肺癌细胞株A549、人鼻咽癌细胞株CNE1和CNE2等不同肿瘤细胞增殖的抑制情况，结果表明罗汉果醇均能显著抑制上述细胞的增殖，特别是对CNE1细胞增殖的抑制作用最为显著，不同浓度的罗汉果醇对CNE1细胞增殖的抑制实验显示呈剂量依赖性，其半数抑制浓度IC_{50}为（81.48±4.73）μmol /L；应用细胞克隆形成实验也验证了罗汉果醇对CNE1细胞增殖的抑制作用；Annexin V/PI双染流式细胞术发现不同浓度的罗汉果醇诱导CNE1细胞凋亡呈正相关，即随着罗汉果醇浓度上升，细胞凋亡率随之增加。因此，罗汉果醇可以通过诱导肿瘤细胞凋亡，从而抑制肿瘤细胞的增殖，发挥抗肿瘤作用，但其确切抗肿瘤活性有待于在动物水平上进一步研究。

7. 保肝降酶作用

罗汉果甜苷具有保肝作用。肖刚等分别采用小鼠和大鼠为实验对象，给小鼠连续7天每日灌胃1次罗汉果甜苷，第7日灌胃1小时后造模，分别给灌胃组及模型组的小鼠腹腔注射0.08%四氯化碳（CCl_4）1次，形成急性肝损伤小鼠模型，12小时后采血测定小鼠血清中丙氨酸转氨酶（ALT）、天冬氨酸转氨酶（AST）含量，并观察肝组织病理变化；对大鼠采用连续8周注射CCl_4造模，形成慢性肝损伤大鼠模型，观察罗汉果甜苷对大鼠血清ALT、AST活性，透明质酸（HA）、Ⅲ型前胶原氨基端肽（PⅢNP）、羟脯氨酸（Hyp）含量，肝组织超氧化物歧化酶（SOD）、谷胱甘肽（GSH-Px）活性及丙二醛（MDA）含量的影响。结果发现，罗汉果甜苷可降低急性肝损伤小鼠血清中ALT、AST活性，明显减轻肝组织病理变化程度；对CCl_4所致的大鼠慢性肝损伤，罗汉果甜苷可降低血清中ALT、AST活性，降低HA、PⅢNP、Hyp含量，升高肝组织SOD、GSH-Px活性，降低肝组织MDA含量。说明罗汉果甜苷对CCl_4所致小鼠急性肝损伤有保护作用，对CCl_4所致大鼠慢性肝损伤有防治作用，并有一定的抗肝纤维化作用。

α-葡萄糖苷酶是糖尿病患者餐后血糖的指标之一，当前治疗糖尿病的口服降糖药物中，α-葡萄糖苷酶抑制剂主要针对餐后血糖的升高进行控制，减轻餐后血糖的波动，在糖尿病的临床治疗中得到广泛应用。但目前使用的α-葡萄糖苷酶抑制剂品种较少，且阿卡波糖等药物大多会引起腹胀、腹痛、腹泻、胃肠痉挛性疼痛、顽固性便秘、恶心、呕吐、食欲减退等不良反应。因此，从安全性较高的天然药物中研究α-葡萄糖苷酶的抑制剂类成分对于开发降血糖药物具有重要意义。孟凡燕等采用Caco-2结肠癌细胞作为研究模型研究不同生长期罗汉果皂苷对细胞α-葡萄糖苷酶的体外抑制作用，为进一步从罗汉果中筛选高活性α-葡萄糖苷酶抑制剂提供技术理论依据。方法是选用果实生长期为30、50、90天的罗汉果皂苷提取物，在α-葡萄糖苷酶与4-硝基苯-α-D-吡喃葡萄糖苷（PNPG）作为底物的反应体系中筛选出具有良好抑制作用的罗汉果提取物，结果显示各生长期的罗汉果皂苷对α-葡萄糖苷酶有不同程度的抑制效果。50天罗汉果皂苷对α-葡萄糖苷酶的抑制作用最强，而30、90天罗汉果皂苷对α-葡萄糖苷酶的抑制强度弱于50天罗汉果皂苷，比较差异有统计学意义（$P<0.01$）。但不同生长期罗汉果皂苷中，主要是哪种罗汉果皂苷对α-葡萄糖苷酶具有抑制作用，还是几种罗汉果皂苷相互作用的共同结果还有待进一步实验研究证实。

8. 降血糖、降血脂作用

罗汉果苷是三萜皂苷结构，研究表明三萜皂苷有降血糖作用。给正常小鼠与糖尿病小鼠分别以0.5、1.0、3.0g/kg的剂量连续灌胃30天罗汉果提取物。结果发现，对正常小鼠血糖无影响；中、低剂量组对糖尿病小鼠有降血糖作用，即0.5g/kg时血糖由（15.45±5.76）mmol/L降至（11.84±4.24）mmol/L，1.0g/kg时血糖由（15.52±5.70）mmol/L降至（15.08±4.64）mmol/L；而高剂量组（3.0g/kg）小鼠血糖反而由（15.54±5.77）mmol/L升至（20.35±4.36）mmol/L。表明罗汉果提取物剂量为0.5～1.0g/kg时具有降低糖尿病小鼠空腹血糖的作用，且降血糖效果有剂量依赖性。

朱晓韵等将雄性大鼠随机分为空白组、模型对照组和实验组，前两组灌胃蒸馏水，实验组按高、中、低剂量灌胃罗汉果SOSO甜苷，连续28天。每周记录大鼠体重及进食量，实验结束时测量体长，剖腹取体脂并称重，计算脂/体比；同时采血，分离血清，测定血清三酰甘油（TG）、血清总胆固醇（TC）水平。结果显示，实验组比对照组体重下降11.9%、TG下降38.9%、TC下降21.2%、血清低密度脂蛋白胆固醇LDL–C下降37.8%、体内脂肪减少35.7%，说明罗汉果甜苷具有明显的降脂作用。

徐庆等让志愿受试者一次性口服相当于正常食品添加食用量（10mg/kg）20倍的30%罗汉果甜苷200mg/kg，结果发现食用罗汉果甜苷对健康成人的血糖含量和肝酶活性均无明显影响，说明罗汉果甜苷在体内转化为葡萄糖的作用不明显，罗汉果甜苷可以作为糖尿病患者的食糖替代品。

9. 毒性

王以达等开展了鲜罗汉果甜味素的多种毒性测定试验，给40只实验小鼠一次性灌胃罗汉果甜味素10g/kg，给药后2周显示小鼠无异常，说明甜味素无急性毒性作用；在亚慢毒性试验中，将实验大鼠随机分为对照组和3个试验组，对照组每日灌胃蒸馏水，试验组每日分别灌胃罗汉果甜味素20、100、500g/kg，连续给药13周，结束后检查大鼠的血常规、尿常规、血清谷草转氨酶（SGOT）、血清谷丙转氨酶（SGPT）、尿素氮（BUN）、血糖、血浆蛋白、胆固醇，测量大鼠的肝、肾、心、脑、肺、脾等脏器并作组织病理学检查，结果没有发现有害症状；同时开展的睾丸精原精母细胞染色体致畸变试验和污染物致突变性试验，结果都表明罗汉果甜味素无致畸变和突变作用。何超文等用成熟鲜罗汉果制备的鲜罗汉果素大剂量给药昆明小白鼠开展急性毒性安全性评价研究，将实验动物分为空白对照组和试验组，空白对照组小鼠用40ml/kg生理盐水灌胃小鼠，每隔6小时给药一次，共3次；试验组小鼠用0.2g/ml浓度的鲜罗汉果素灌胃小鼠40ml/kg，每隔6小时给药一次，共3次。给药后正常饲养，连续观察7天，结果显示小鼠灌胃鲜罗汉果素剂量达到24g/kg，未见其他异常表现，亦无动物死亡。苏小建等用81.6%罗汉果甜苷给小鼠灌胃，小鼠的最大耐受量LD_{50}>10g/kg，属实际无毒级；用相当于成人用量360倍的罗汉果甜苷（3.0g/kg）给家犬灌胃4周，结果发现不但家犬的肝肾功能、血糖、血液学指标、尿糖没有显著变化，而且对其心、肝、脾、肺和肾的形态学变化均没有明显影响；给小鼠每天口服冻干罗汉果水提物溶液0.3ml/10g（体重），1周后未发现死亡；给小鼠口服罗汉果粗提物，在

剂量15g/kg时才出现轻度的镇静和缓泻。以上结果均表明罗汉果提取物急性毒性较低，是一种基本无毒的物质，应用较安全。刘茂生等采用小鼠急毒试验、小鼠精子畸形试验、小鼠骨髓微核试验及生殖、淋巴器官重量指数分析方法探讨了罗汉果甜苷对成年雄性小鼠的遗传毒性。实验结果显示，罗汉果甜苷对小鼠经口的最大耐受剂量为15g/kg，说明罗汉果甜苷对小鼠的急性毒性试验属于无毒级；在微核试验与精子畸形试验中将小鼠均分6组，即罗汉果甜苷0.25、0.5、1、5g/kg四个剂量组与阴、阳性对照组，当灌胃剂量为0.25、0.5、1g/kg时，均未诱发各组的精子畸形率、骨髓微核率增高，与阴性对照组相比均无显著差异（$P>0.05$），说明这三个剂量范围内罗汉果甜苷无生殖与遗传毒性；但当剂量达到5g/kg时诱发的精子畸形率、骨髓微核率均略高于阴性对照组但有显著性差异（$P<0.05$），说明罗汉果甜苷对雄性小鼠有轻微的潜在遗传毒性。灌胃罗汉果甜苷各剂量组小鼠的生殖与淋巴器官重量指数与阴性对照组相比无显著变化（$P>0.05$），说明对各项脏器指数无影响。当用药剂量达到5g/kg时，虽然对实验动物无明显的器官毒性，但仍然有潜在的致危影响，这提醒了广大研究学者和企业生产者在实际应用中均应关注剂量过大时潜在的用药危险性。

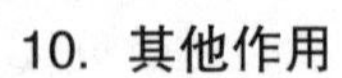

10. 其他作用

罗汉果黄酮可延长小鼠的凝血作用，具有一定的抗血栓形成、抗血小板聚集等作用，说明罗汉果具有一定的活血化瘀作用；罗汉果的叶对金黄色葡萄球菌、白色葡萄球菌、卡他双球菌等均有较好的抑制作用。民间常用罗汉果鲜叶以火烘热、搓软后外搽皮癣或捣烂外敷治各种痈肿疮疖也有良效。罗汉果根（根薯）可作治疗风湿关节炎的良药，也可作疮科用药。

三、现代应用

罗汉果是我国第一批列入“既是食品又是药品”名单的品种，除了用于传统的配伍药材外，随着现代研究的越来越深入，还被广泛应用于医药、保健食品、烟草和化妆用品等领域。因为罗汉果中产生甜味的独特成分——罗汉果苷与人参皂苷同属四环三萜分子结构，研究发现二者都有很好的药用价值，可制成具有特定功能的保健食品。此外，罗汉果甜苷适度高，使用较少的量就可以达到矫味和增加食欲的目的，因此又可用作食品添加剂，非常适合冠心病、动脉粥样硬化、高血压、糖尿病、肥胖症的患者食用。再有，罗汉果中还富含维生素C，每100g含维生素C 313～510mg，比苹果、柑桔、葡萄、柿子等水果高出5～120倍，其含量比号称“维生素C之王”的猕猴桃还高，因此营养学家认为，每天只要食用50g罗汉果就能满足人体对维生素C的要求。现今罗汉果蜚声中外，被誉为“东方神奇之果”，纯天然具有保健功能的罗汉果饮料已供应市场，已跻身于国际公认的咖啡、可可、茶叶饮料之林。随着罗汉果功能研究和产品研发的不断深入，罗汉果逐渐作为新药开发和保健品的主要原料，体现了罗汉果的应用已经开始从传统食品行业向新型功能健康食品行业延伸，为罗汉果资源实现产品优化开拓了新途径。

1. 医药产品

罗汉果作为我国传统中药，经过众多科研院所和制药企业的长期研究和试验，已开发出许多以罗汉果为主要原料或主要辅料的医药制剂。例如：以罗汉果为主要原料制成的中成药有罗汉果咽喉片、罗汉果止咳冲剂、罗汉果止咳露、罗汉果止咳糖浆、复方罗汉果止咳冲剂、罗汉果玉竹冲剂等，以罗汉果为主要辅料制成的中药产品有止咳定喘片、川贝罗汉止咳冲剂、止咳平喘糖浆等，这些产品可用于治疗气管炎、小儿百日咳、急慢性咽喉炎、失音等症，疗效较好。罗汉果咽喉片是根据中医理论制成的以罗汉果为主的中药复方制剂，临床上用来治疗慢性咽喉炎，药理研究证明该片有抗炎、镇痛等多种作用。止咳定喘片是由隔山香、罗汉果和虎刺等组成的中药复方，其中隔山香、罗汉果为主要原料，具有止咳祛痰、消炎定喘的作用，适用于支气管哮喘、哮喘性支气管炎等疾病。罗汉果止咳冲剂、止咳露、止咳糖浆是以罗汉果为主制成的颗粒剂和水剂，临床用来治疗咳嗽、百日咳、哮喘、急慢性咽喉炎等。川贝罗汉止咳冲剂以川贝为主料、罗汉果为辅料制成，对慢性咳嗽有良好疗效。

2. 保健食品

保健食品是指声称具有特定保健功能或者以补充维生素、矿物质为目的的食品，即适宜于特定人群食用，具有调节机体功能，不以治疗疾病为目的，并且对人体不产生任何急性、亚急性或者慢性危害的食品。作为食品的一个种类，保健食品具有一般食品的共性，既可以是普通食品的形态，也可以使用片剂、胶囊等特殊剂型。但是，保健食品的标签说明书可以标示保健功能，而普通食品的标签不得标示保健功能。

以罗汉果为原料开发的保健食品有：罗汉果保健茶、罗汉果保健糖、无糖保健型罗汉果香甜晶、罗汉果籽油微胶囊、罗汉果低血糖指数营养粉、铁皮石斛罗汉果胶囊、罗汉果速溶粉、罗汉果降脂减肥食品、芦荟罗汉果复方胶囊、罗汉果口服液、罗汉果绿茶冲剂、罗汉果雪梨膏、金银花罗汉果含片、金罗汉含片等。

罗汉果保健茶是一种滋阴补肾、润肺利咽、解毒清肝热、养肝健脾的保健茶饮，原料由罗汉果、绿茶、金银花、甘草、红枣等多种含有丰富营养物质的组分组成。罗汉果速溶粉由罗汉果粉、红薯粉、脱脂奶粉、银杏叶、火麻仁等多种天然植物原料经由压榨处理等多道工序生产制成，该产品加热水即可冲服，口感良好，营养丰富，具有补血养气功效，是一种健康的保健食品。无糖保健型罗汉果香甜晶制备方法是先从罗汉果中提取四环三萜浸提液，在浸提液中加入一定比例的改性淀粉，然后经喷雾干燥和烘箱烘干、粉碎过60目筛制成，该产品保留了罗汉果的药用功能，能完全溶于水，溶液清甜可口，还带有一种独特的香气。铁皮石斛罗汉果胶囊以铁皮石斛为主料、罗汉果为辅料制成，通过各原料的协同增效，具有增强免疫力、缓解体力疲劳、抗衰老等保健功效，服用方便，人体吸收好，利用率高，可满足各层人士的保健需求，具有巨大的市场潜力。

3. 饮料开发

（1）罗汉果复合饮料　随着成熟的加工工艺和先进的生产设备，使得罗汉果的饮料生产变得简单，市场上出现了多种多样的罗汉果复合饮料。李刚凤等以天麻、菊花、罗汉果渣为原料，探讨了天麻菊花罗汉果复合饮料的配方优化条件，并通过正交试验筛选出该饮料的最佳加工工艺，天麻、菊花、罗汉果渣三种主要原料的配方添加量分别为0.1%、1%和0.8%，在最佳工艺条件下天麻菊花罗汉果复合饮料的感官评分达到86.6，同时通过对其理化指标、微生物指标的检测，结果符合饮料的国家标准。王淑培等以罗汉果和武夷肉桂茶为主要原料，添加蜂蜜、柠檬酸等辅料，采用正交试验设计优化罗汉果肉桂复合凉茶饮料配方，最佳制备工艺分别为：料液比1∶60和1∶70，提取时间30分钟和40秒，提取温度均为90℃，最佳感官配方为罗汉果与武夷肉桂提取液的比例为1∶2，蜂蜜添加量为2.0%，柠檬酸添加量为0.05%，其成品能量较低、口感清爽。程玉江等以胖大海、金银花和罗汉果等为原料，通过试验确定每种原料的浸提水量和最佳调配比例，最佳浸提水量：胖大海60倍、金银花100倍、罗汉果200倍，原料汁最佳调配比例为1∶1∶1，白砂糖的最佳用量为0.06%，稳定剂最佳用量为0.15%的果胶，该复合保健饮料具有清热凉血、清热润肺、止咳化痰功效。以罗汉果为主原料之一，根据不同制备工艺研制出来的复合饮料还有罗汉果金银花野菊花菠萝汁复合饮料、枸杞菊花罗汉果复合饮料、雪菊枸杞罗汉果复合保健饮料、金银花罗汉果苦瓜复合保健饮料、罗汉果核桃复合饮料、罗汉果海带复合固体饮料、罗汉果芹菜野菊花复合保健饮料、罗汉果黑芝麻儿童保健复合饮料等，品种丰富，色香味俱佳。

（2）罗汉果低糖饮料　近年来，许多科研人员针对现时老百姓对饮食的健康需求，利用天然原料研究探索各种新产品。如利用罗汉果高甜度低热量的特性开发低糖饮料，满足肥胖者或糖尿病人的饮食需求。赵广河以罗汉果浸提液与西番莲果汁

3：1的体积比研制出西番莲罗汉果复合低糖饮料；任仙娥等以3：1的罗汉果甜茶混合液50%，配比蜂蜜、柠檬酸、盐等其他材料制备出罗汉果甜茶复合低糖饮料。此外，还有可乐型罗汉果低糖保健饮料，该饮料含有17种氨基酸、微量元素锌、硒及维生素B_2，适宜肥胖者和糖尿病人饮用。

（3）其他饮料产品　除了罗汉果复合饮料、低糖饮料外，研究人员亦对罗汉果调配其他原料，开发出许多具有罗汉果独特风味的饮料产品。如调配梅醋开发了罗汉果果醋饮料，还有以罗汉果提取液取代蔗糖、加到鲜奶中按照酸奶的制备工艺研制出罗汉果乳酸奶等产品。

4. 食品开发

普通食品指各种供人食用或者饮用的成品和原料以及按照传统既是食品又是药品的物品，但是不包括以治疗为目的的物品。

从罗汉果出现到今天，其最直接、最简单的传统食用方法就是把罗汉果干果掰碎放入开水中泡饮或者按照口味加入各种茶叶泡饮。俗话说："民以食为天"，这句话放之天下皆有理。老百姓在日常生活中按照生活经验和饮食习惯自创了各种以罗汉果为主或为辅的食品，如罗汉果糕、罗汉果蜜汁、罗汉果柿饼汤、罗汉果蒸贝母、罗汉果麦冬粥、罗汉果橄榄膏、罗汉果无花果茶、罗汉果薄荷茶、罗汉果发酵酒、罗汉果泡菜、罗汉果蜜饯、罗汉果粉、罗汉果咖啡茶、罗汉果糖、罗汉果饼干等。此外，罗汉果在食品的调味上还有独特用法，不仅可以用于炖汤，不管是做荤汤还是素汤，加入少许罗汉果果实，汤味变得更加清甜醇香、风味独特，而且增加补益作用；还用于汤圆制作，在罗汉果产区的百姓在节日制作汤圆时，常用罗汉果果实煮汤后，代替糖水煮汤圆，其甜味不亚于其他糖类。这些罗汉果食品是普通老百姓日常所食用的食物，没有复杂的生产工艺和流程，是老百姓们按照饮食习惯和现有原料自创的食品。

5. 药物辅料

广西中医药大学制药厂发明了以罗汉果提取物作为制备药物辅料的新用途，方法是将罗汉果提取物或从罗汉果提取物分离得到的罗汉果苷替换现有的蔗糖、甜菊素、阿斯巴甜等甜味剂，在不改变原药物的药理作用和药效的情况下，将罗汉果提取物或罗汉果苷加入中药片剂、颗粒剂、丸剂产品或空心胶囊后，能够使这些中药产品没有副作用，且不容易吸潮、发霉、生虫、变质，使药物的存放时间长久，质量稳定，水溶性好，甜味纯正。特别是将罗汉果提取物加入到口服液、糖浆剂、汤剂或合剂中后，可以避免糖尿病患者引起血糖增高，小儿发生龋齿的缺点。

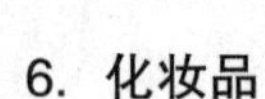

6. 化妆品

随着生活质量的提高和保健意识的不断增强，以及人们崇尚和回归自然需求的增加，副作用小、毒害少的植物提取物化妆品越来越受到人们的青睐。尤其是现在研究报道较多的天然植物提取物，其功效成分及相关作用机制已逐渐被人们发现并证实，比如皂苷、生物碱、多糖、茶多酚、黄酮类、挥发油等成分在防晒、美白、抗衰老、杀菌等方面疗效显著，因此将植物提取物的有效成分充分应用于化妆品行业中，越来越多的化妆品被研发出来。

研究表明，人体内过多的自由基和活性氧可诱发多种慢性疾病，如癌症、高脂血症、炎症、糖尿病等，及时补充外源性的自由基清除剂可起到防治这些疾病的功效。因此，寻找能有效清除人体内过量自由基的外源活性清除剂目前正成为人们研究关注的热点。而许多植物果蔬中的活性成分能够有效地吞噬活性氧和自由基，展示出良好的自由基清除活性，因此从天然植物果蔬中筛选自由基清除剂或抗氧化剂成为当前研发新型自由基清除剂或抗氧化剂的重要途径。罗汉果被誉为“神仙果”，其有效活性成分的提取和自由基清除活性的研究受到人们的广泛关注。罗汉果不但能清除活性氧，分解过氧化脂质，还有与SOD同样的清除功能，可以通过内服或外搽，完成肌肤健美的目标。有报道，罗汉果还可用于粉刺、肥胖、皮疹及脱发的治疗。可见罗汉果的确是一种很好的药食两用的美容健身产品。

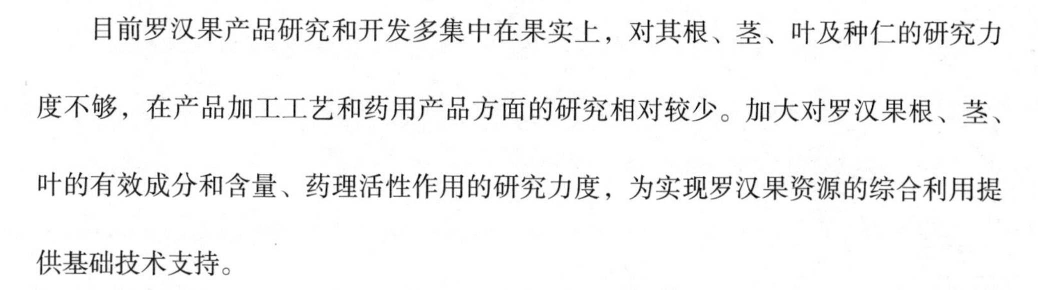

目前罗汉果产品研究和开发多集中在果实上，对其根、茎、叶及种仁的研究力度不够，在产品加工工艺和药用产品方面的研究相对较少。加大对罗汉果根、茎、叶的有效成分和含量、药理活性作用的研究力度，为实现罗汉果资源的综合利用提供基础技术支持。

附录一　罗汉果组培苗病毒检测报告

罗汉果组培苗病毒检测报告

编号：____________

送样单位：__________　品 种 名 称：__________　外植体采集地：__________

送样时间：__________　外植体数量：__________　样 品 编 号：__________

外植体编号	罗汉果花叶病毒检测结果
注：病毒检测结果“+”表示阳性带毒，“-”表示阴性不带毒。	

病毒检测单位（章）：　质检员（签字）：　审核人（签字）：　检测日期：

附录二 罗汉果组培苗出厂（圃）检验记录表

罗汉果组培苗出厂（圃）检验记录表

编号：________

品　种：________　　检测日期：________

育苗单位：________　　抽检株数：________

抽检株号	茎高（cm）	叶片数（张）	继代次数（代）	变异株率（%）	品种纯度（%）	级别

审核人（签字）：　　核准人（签字）：　　检测人（签字）：

附录三　罗汉果组培苗出厂（圃）检验合格证

罗汉果组培苗出厂（圃）检验合格证

编号：________________

品种名称：	原种采集地：
繁殖代数：	病毒检测单位：
质检员（签字）：	检测等级：
购苗人（签字）：	购苗数量：
生产单位（章）：	出厂（圃）日期：

附录四　名词术语表

1. 外植体

由活植物体上切取下来以进行培养的组织或器官。

2. 组培苗

以成年植株离体嫩茎为外植体，按组织培养无菌技术，接种于培养基上，在适宜光温条件下，调节植物激素的配比，通过无菌芽诱导、继代增殖和生根培养，得到的完整小植株。

3. 继代苗

选取生长势旺盛的初代无菌芽，调整培养基中生长素和细胞分裂素的比值，将植株进行切分后，快速诱导顶芽和腋芽的生长发育，繁殖出的用于扩繁的无根苗体。

4. 常规苗

剪取外植体带芽茎段，未经脱毒培养，直接组织培养繁殖成的完整小植株。

5. 脱毒苗

切取外植体茎尖≤0.2mm不带病毒的分生组织，组织培养繁殖成的无病毒完整小植株。

6. 组培瓶苗

经植物组织培养繁殖，在培养瓶中达到移栽炼苗标准，即具有2条以上白根、

2cm高以上青绿色茎、2张以上完全绿叶的完整小植株。

7. 营养杯苗

将组培瓶苗在大棚中移栽于盛有营养基质的营养杯中，在适宜光、温、湿条件下，经过一定时间培育出的可供大田定植的完整小植株。

8. 病毒病

由黄瓜花叶病毒-2的一个株系即WMV-2-Luo等病原引起，可通过棉蚜和汁液摩擦传染，叶片出现褪绿呈斑状或畸形呈疱状病症的罗汉果病害。

参考文献

[1] 中华人民共和国国家药典委员会. 中华人民共和国药典：一部 [M]. 北京：中国医药科技出版社，2010：197.

[2] 李典鹏，张厚瑞. 广西特产植物罗汉果的研究与应用 [J]. 广西植物，2000，20（3）：270-276.

[3] 周良才，张碧玉，覃良，等. 罗汉果品种资源调查研究和利用意见 [J]. 广西植物，1981，1（3）：29-33.

[4] 李锋，蒋汉明，江新能，等. 罗汉果组培苗的栽培研究 [J]. 广西植物，1990，10（4）：359-363.

[5] 付长亮，马小军，白隆华，等. 罗汉果脱毒苗的快速繁殖研究 [J]. 中草药，2005，36（8）：1225-1229.

[6] 中国科学院北京植物所. 中国高等植物图鉴 [M]. 北京：科学出版社，1975：359.

[7] 路安明，张志耘. 中国罗汉果属植物 [J]. 广西植物，1984，4（1）：27.

[8] 彭云滔. 野生罗汉果遗传多样性的ISSR和RAPD分析 [D]. 桂林：广西师范大学，2005.

[9] 周俊亚. 栽培罗汉果遗传多样性的ISSR，RAPD和AFLP分析 [D]. 桂林：广西师范大学，2005.

[10] 陈士林，孙成忠，魏建和，等. 中国药材产地生态适宜性区划 [M]. 北京：科学出版社，2011：626-629.

[11] 温明，周良才，覃良等. 广西罗汉果生态气候特征分析 [J]. 广西气象，1984，（2）：36-38.

[12] 李小平. 罗汉果产量与气象条件关系初探 [J]. 广西气象，1984，（2）：11-14.

[13] 广西壮族自治区中国科学院广西植物研究所. 罗汉果栽培与化学研究 [M]. 南宁：广西科学技术出版社，2010.

[14] 马小军，莫长明，白隆华，等. 罗汉果新品种“永青1号” [J]. 园艺学报，2008，35（12）：1855.

[15] 马小军，莫长明，白隆华，等. 罗汉果新品种“普丰青皮” [J]. 园艺学报，2009，36（2）：310.

[16] 韦荣昌，唐其，马小军，等. 罗汉果组培苗种植关键技术 [J]. 中国南方果树，2012，42（3）：95-97.

[17] 蒋水元，李锋，李虹，等. 罗汉果组培苗规范化种植生产操作规程（SOP）[J]. 广西植物，2007，27（6）：867-872.

[18] 秦永德，罗小梅，林强轩. 罗汉果套种绞股蓝试验 [J]. 南方园艺，2015，26（1）：26-27.

[19] 谭焱芝，周凤珏，许鸿源，等. 罗汉果—生姜间作对生姜光合特性和产量的影响 [J]. 南方农业学，2013，44（2）：214-217.

[20] 张宇，秦永松，秦绣勤，等. 砂糖桔与罗汉果立体套种技术 [J]. 现代农业科技. 2013，（15）：110-111.

[21] 何铁光，韦昌联，卢家仕，等. 稻草覆盖对罗汉果园土壤环境及罗汉果产量和品质的影响 [J]. 安

徽农业科学，2007.35（3）：698–699，713.

[22] 何铁光，卢家仕，王灿琴，等．罗汉果园覆盖方式的生态效应及其对果品产量及品质的影响［J］．中国生态农业学报．2008，16（2）：387–390.

[23] 黄毅，蒙朝亿，蒋爱军等．龙胜县罗汉果免点花栽培技术初探［J］．南方园艺．2015.26（4）：50–52.

[24] 广西大学．罗汉果蜜蜂驯诱剂的制备和使用方法：中国，201310646647.7［P］．2015–10–14.

[25] 庾韦花，陈廷速，蔡健和，等．防虫网覆盖对罗汉果生长、结果及病虫害的影响［J］福建果树．2006，（136）：35–36.

[26] 秦永松，蒋桂荣，王卫平，等．害虫食物诱剂在罗汉果上防治果实蝇的试验初报［J］．广西园艺．2008，19（5）：37～32.

[27] 陈素云．一种冻干罗汉果及其制备方法：中国，201610568114.5［P］．2016-11-09.

[28] 桂林莱茵生物科技股份有限公司．一种微波干燥罗汉果的方法及由该方法干燥得到的罗汉果：中国，201010556001.6［P］．2012-09-05.

[29] 广西大学．罗汉果条状饮品的制备方法：中国，201310673779.9［P］．2017-03-08.

[30] Jia Z，Yang X. A minor，sweet cucurbitane glycoside from Siraitia grosvenorii［J］. Nat prod commun，2009，4（6）：769.

[31] 李春，林丽美，罗明，等．罗汉果中1个新的天然皂苷［J］．中国中药杂志，2011，36（6）：721–724.

[32] 徐位坤，孟丽珊，李仲瑶．罗汉果嫩果中一个苦味成分的分离和鉴定［J］．广西植物，1992，12（2）：136–138.

[33] 斯建勇，陈迪华，常琪，等．罗汉果中三萜苷的分离和结构测定［J］．植物学报，1996，38（6）：489–494.

[34] 王亚平，陈建裕．罗汉果化学成分的研究［J］．中草药，1992，23（2）：61–62.

[35] 李典鹏，陈月圆，潘争红，等．不同生长日龄罗汉果苷类成分变化研究［J］．广西植物，2004，24（6）：546–549.

[36] 杨秀伟，张建业，钱忠明．罗汉果中新的天然皂苷［J］．中草药，2008，39（6）：810–814.

[37] 斯建勇，陈迪华，常琪，等．鲜罗汉果中黄酮苷的分离及结构测定［J］．药学学报，1994，29（2）：158-160.

[38] 张妮，魏孝义，林立东．罗汉果叶的化学成分研究［J］．热带亚热带植物学报，2014，22（1）：96-100.

[39] 柯良芳，孙盼盼，黄赤夫，等．罗汉果茎叶提取物的血清药物化学研究［J］．中国现代中药，2013，15（3）：187-190.

[40] 徐位坤，孟丽珊．野生罗汉果蛋白质成分的研究［J］．广西植物，1985，5（3）：304-306.

[41] 陈迪华，斯建勇，常琪，等. 天然甜味剂罗汉果的研究与应用 [J]. 天然产物研究与开发，1992，4（1）：72-77.

[42] 刘金磊，陈月圆，卢凤来，等. 新鲜罗汉果风味成分的GC-MS分析 [J]. 广西植物，2011，31（5）：702-705.

[43] 王海英，马小军，莫长明，等. 罗汉果果肉中糖类物质组成与含量分析 [J]. 广西植物，2015，35（6）：775-781.

[44] 徐位坤，孟丽珊，李仲瑶. 罗汉果中甘露醇的分离和鉴定 [J]. 广西植物，1990，10（3）：254-255.

[45] 徐位坤，孟丽珊. 罗汉果营养成分的测定 [J]. 广西植物，1981，1（2）：50-51.

[46] 苏焕群，陈再智. 罗汉果的药理及其应用研究 [J]. 中药材，2003，26（10）：771-772.

[47] 王海洋，王涛，李红月，等. 罗汉果抑制大肠埃希菌生物膜活性成分的筛选 [J]. 中国实验方剂学杂志，2016，22（2）：51-54.

[48] 符毓夏，王磊，李典鹏. 罗汉果醇抗肿瘤活性及其作用机制研究 [J]. 广西植物，2016，36（11）：1369-1375.

[49] 王以达，王俊华，徐文超，等. 罗汉果甜味素的毒性测定 [J]. 中国药理学和毒理学杂志，1989，4：276.

[50] 刘茂生，张宏，李啸红，等. 罗汉果甜苷对雄性小鼠的遗传毒性研究 [J]. 中国优生与遗传杂志，2013，21（10）：140-142.